Gesundheitswidrige Wohnungen

und deren Begutachtung

vom Standpunkte der öffentlichen Gesundheitspflege und mit
Berücksichtigung der deutschen Reichs- und preußischen
Landesgesetzgebung.

Von

Dr. Hugo Haase,
Medizinalrat, Königl. Kreisarzt in Danzig.

Springer-Verlag Berlin Heidelberg GmbH 1905

ISBN 978-3-662-32127-0 ISBN 978-3-662-32954-2 (eBook)
DOI 10.1007/978-3-662-32954-2

Alle Rechte, insbesondere das der
Übersetzung in fremde Sprachen, vorbehalten.

Vorwort.

Bei den vielfachen Wohnungsuntersuchungen, welche ich während einer längeren Reihe von Jahren unter ländlichen, klein= und groß= städtischen Verhältnissen vorzunehmen Gelegenheit hatte, empfand ich es häufig als einen Mangel, über zweifelhafte Punkte mich nicht rasch orientieren zu können, weil die einschlägige Materie bis jetzt nirgends weder zusammenfassend noch umfänglich genug, soweit die mir zugängliche Literatur ergibt, bearbeitet ist. Es bedurfte immer erst des zeitraubenden Nachschlagens in den verschiedensten hygienischen Werken, Zeitschriften, Versammlungsberichten wissenschaftlicher Ver= eine usw., um für eine augenblicklich vorliegende Frage einen Anhalt für die Beurteilung, sobald diese nicht von vornherein klar war, zu gewinnen. Dazu finden sich manche maßgebenden Gesichtspunkte gar nicht oder nur kurz angedeutet besprochen. Aus diesen Gründen erschien es mir nicht überflüssig, meine eigenen Erfahrungen zusammen= zustellen und in Verbindung mit den wissenschaftlichen und experi= mentellen Ergebnissen der Physiologie und Pathologie, der Hygiene und Bakteriologie, sowie den Beobachtungen früherer Berichterstatter auch anderen zugänglich zu machen, um so mehr, als die Wohnungs= frage immer herausfordernder die öffentliche Aufmerksamkeit bean= sprucht und ohne deren Lösung die Besserung der Gesundheitsver= hältnisse und der volkswirtschaftlichen Lage nicht möglich ist.

Für diese Bearbeitung habe ich mit vielem Nutzen zu Hilfe genommen: Die Lehrbücher der Hygiene von Nowak und Heim, Das Handwörterbuch der öffentlichen und privaten Gesundheitspflege von Dammer, Das Handbuch der Hygiene von Weyl, Hygiene und

Seuchenbekämpfung von Kirchner, Der beamtete Arzt von Rapmund, Das Bürgerliche Gesetzbuch bearbeitet von Rosenthal, Jahresbericht über Fortschritte und Leistungen auf dem Gebiete der Hygiene von Pfeiffer, Veröffentlichungen des Deutschen Vereins für öffentliche Gesundheitspflege, Veröffentlichungen des Kaiserlichen Gesundheitsamtes, Zeitschrift für Medizinalbeamte u. a. mehr.

Wenn diese Arbeit, als kurzes Nachschlagebuch über die Fragen im Rahmen ihrer Überschrift zu dienen, geeignet gefunden wird, dann hat sie ihren Zweck erreicht.

Danzig, im Dezember 1904.

Der Verfasser.

Inhaltsverzeichnis.

	Seite
I. Einleitung. Gesetzliche Unterlagen und gerichtliche Entscheidungen	1
II. Anforderungen an gesunde Wohnungen	10

Zweck der Wohnung S. 10. Bebauungsplan S. 11. Bauplatz S. 11. Bauausführung S. 12. Trockenheit S. 12. Luft S. 12. Licht S. 13. Wärme S. 15. Ruhe S. 15. Innere Einrichtung S. 16. Ausmaß S. 16. Baulicher Zustand S. 16. Balkon S. 17.

III. Besichtigungsbefunde von Wohnungen, welche den gesundheitlichen Anforderungen nicht entsprechen · · · 17

Hinsichtlich der Luft (Verderbnis durch Ruß, Rauch, Dünste, Gerüche, Feuchtigkeit, Verunreinigung durch Staub, körperliche Beimengungen, durch fehlerhafte innere Einrichtung, Verschlechterung durch Pilze, giftige Gase, Ausdünstungen aus dem Fehlboden, Lebensprozeß und Wirtschaftsbetrieb der Insassen, bauliche Mängel) S. 18. Der Heizvorrichtungen S. 30. Der Trockenheit resp. Feuchtigkeit S. 31. Fehlerhafte Benützung S. 35. Anlage und Verteilung der Räume S. 37. Kellerwohnungen S. 38. Mangel an Ruhe S. 39. Baufälligkeit S. 39. Verwahrlosung S. 40. Ansteckungskeime S. 40. Dauernde und vorübergehende Schäden S. 40.

IV. Einfluß der den gesundheitlichen Anforderungen nicht entsprechenden Wohnungen auf die Gesundheit der Bewohner · 41

Statistische Mitteilungen S. 43. Bakteriologische und biologische Gesichtspunkte S. 46. Feuchtigkeit S. 52. Bewegte und kalte Luft S. 57. Verbrauchte Luft S. 58. Ungenügendes Licht S. 59. Geräusche S. 60. Ungeziefer S. 60. Ansteckende Krankheiten S. 61. Baufälligkeit S. 62. Sittlichkeit S. 62. Zusammenstellung schädlicher Einwirkungen und Folgen S. 63.

Inhaltsverzeichnis.

Seite

V. Begutachtung gesundheitswidriger Wohnungen · · · 65
Unterscheidung zwischen Belästigungen und Gefahren S. 65. Begründung der letzteren und Übersicht nach Ursachen und Art S. 68. Gutachten der wissenschaftlichen Deputation für das Medizinalwesen und Entscheidungen des Ober-Verwaltungsgerichts, des Reichs- und Kammergerichts, betreffend Belästigungen durch Rauch und Ruß S. 69; Gesundheitsgefährdung durch Staub S. 73; üble Ausdünstungen S. 74; übermäßige Geräusche S. 78; Kälte und Feuchtigkeit S. 90. Wiederholte Untersuchungen S. 92. Neubauten S. 92.

VI. Schlußfolgerungen · · · · · · · · · · · · · · 93
Notwendigkeit der Verbesserung der Wohnungen S. 93. Wohnungsordnung und Wohnungsaufsicht S. 94. Vermehrte Berücksichtigung hygienischer Forderungen seitens der Bautechnik S. 95.

Sachregister · 96

I.

Einleitung.
Gesetzliche Unterlagen und gerichtliche Entscheidungen.

Je mehr die öffentliche Aufmerksamkeit dem Wohnungswesen aus sozialen, wirtschaftlichen und gesundheitlichen Veranlassungen zugewendet und je häufiger aus letzterem Grunde die Tätigkeit des Arztes und Hygienikers in Anspruch genommen wird, um so reichlicher gestaltet sich die Beobachtung, daß sowohl bei den aus früheren Zeiten stammenden, als auch bei den in der Neuzeit entstandenen Wohnungen Zustände bestehen, welche die Gesundheit der Bewohner zu gefährden geeignet sind. Die Ursachen für diese Erscheinung sind verschiedener Art. Zunächst findet sich dieselbe vornehmlich bei solchen Wohnungen, welche von den Angehörigen des Arbeiter- und ärmeren Mittelstandes gesucht werden. Das beschränkte Einkommen zwingt diese, für die Befriedigung ihrer Wohnungsbedürfnisse mit für sie unter Umständen relativ hohen, absolut aber bescheidenen Ausgaben zu rechnen. Infolgedessen werden solche Wohnungen aus Rücksichten der Rentabilität mit dem Mindestmaß der polizeilich zulässigen Anforderungen hergerichtet und für ihre weitere Unterhaltung nur eben diejenigen Anstrengungen gemacht, welche die Verkehrs-, Stand- und Feuersicherheit vielleicht gerade hinreichend gewährleisten. Die Verschuldung mancher Hausbesitzer veranlaßt diese ferner, um die Zinslasten zu erschwingen, bisher zu anderen Zwecken benützte Räumlichkeiten (z. B. in Kellern, in Nebengebäuden der Höfe, in Schuppen, Stallungen und dergleichen mehr) notdürftig auszubauen und zu anscheinend billigen Wohngelegenheiten herzurichten. Das gleiche geschieht nicht selten aus rücksichtsloser Gewinnsucht, um unbekümmert um das Wohl und Wehe des Nächsten möglichst viel aus dem Hauseigentum herauszuschlagen. Die Wohnungsnot in den großen Städten, welche für den Arbeiter- und Mittelstand mit seinem bescheidenen Einkommen vielfach besteht, gibt geradezu den Anreiz zu solchem Vorgehen ab. Es trifft dies besonders für solche Städte zu, deren Kern noch aus früheren Jahrhunderten herstammt, in denen die Bebauung eng zusammengedrängt vor sich ging, oder welche durch die Gestaltung des Geländes, auf welchem sie angelegt sind, oder durch besondere Einschränkungen, z. B. Festungsplätze, in ihrer freien Ausdehnung in die nächste Umgebung beschränkt sind. Dazu kommt, daß die minder bemittelten Bevölkerungsschichten an die Nähe ihrer Arbeits- und Berufsstätten aus wirtschaftlichen Gründen gebunden sind und derjenigen Freiheit der Wohnungswahl ermangeln, welche den Bessergestellten zur Verfügung steht. Selbst billige Verkehrsgelegenheiten nach Vorstädten oder leicht und in kurzer Zeit erreichbaren Nachbarorten gleichen diese Schwerbeweglichkeit der Minderbemittelten nicht aus. Unterstützend wirkt hierbei der Umstand, daß der Arbeiter vielfach der wirtschaftlichen Erziehung und Umsicht entbehrt, von gesundheitlicher Einsicht ganz zu schweigen, unnötige und vielleicht sogar verschwenderische Ausgaben sich gestattet und zur Ausgleichung seines Einkommens nun so billig wie möglich wohnen will. Solche und noch andere Gesichtspunkte mehr, z. B. die Bodenspekulation, erklären zurzeit genügend das Vorhandensein schlechter Wohnungen, weil die Nachfrage danach, trotz der ihnen anhaftenden Mängel, wegen des Fehlens genügend zahlreicher billiger und gesunder Wohnungen nicht aufhört. Als weitere Ursache mag noch die Aufführung von Neubauten zu Wohnzwecken erwähnt werden, welche die Rücksicht auf gesundheitliche Gesichtspunkte vermissen lassen und nur unter Beachtung der Standfestigkeit und Feuersicherheit errichtet werden.

Dieser letzteren Erscheinung suchen die Baupolizei-Verordnungen, soweit angängig, zu steuern. Bei dem bescheidenen Umfange jedoch, welchen die meisten derselben in bezug auf die Forderungen der Hygiene besitzen, und bei dem nicht überall und nicht immer vorhandenen Verständnis für die Bedeutung der hygienischen Postulate ist der Effekt solcher Verordnungen ein verschiedener und wohl meist ein bescheidener. Eine Unterstützung erwächst ihnen hierbei aus dem § 330 des Strafgesetzbuches für das Deutsche Reich

Gesetzliche Unterlagen und gerichtliche Entscheidungen. 3

vom 31. Mai 1870: „Wer bei der Leitung oder Ausführung eines Baues wider die allgemein anerkannten Regeln der Baukunst dergestalt handelt, daß hieraus für andere Gefahr entsteht, wird mit Geldstrafe bis zu 900 Mark oder mit Gefängnis bis zu einem Jahre bestraft." Hierzu erging am 28. September 1895 eine Entscheidung des Reichsgerichts, welche die Bauordnungen der Zukunft vielleicht günstig beeinflussen kann: „Es liegt kein Grund vor, den Begriff der Gefahr auf die Befürchtung oder Schädigung durch äußere mechanische Einwirkung infolge mangelhafter technischer Konstruktion zu beschränken. Die Gefahr liegt nicht minder vor in bezug auf mögliche Erregung innerer Krankheiten, als bezüglich äußerer dynamischer Einwirkung auf andere Personen."

Aber auch eine die Lehren und Erfahrungen der Hygiene, soweit als mit den Grundsätzen der Bautechnik und der Rentabilität der Gebäude vereinbar, berücksichtigende Bauordnung kann immer nur die möglichst einwandfreie Errichtung von neuen Wohnstätten beeinflussen; bestehenden Gebäuden gegenüber ist dies nicht der Fall. Denn nach dem Urteil des Ober-Verwaltungsgerichts vom 11. Januar 1896 können die Vorschriften späterer Baupolizei-Verordnungen auf bestehende, legal entstandene bauliche Einrichtungen nicht ohne weiteres angewandt werden. Trotzdem ist die Polizei den letzteren gegenüber nicht machtlos. Das Allgemeine Landrecht bestimmt in Teil II Titel 17 § 10: „Die nötigen Anstalten zur Erhaltung der öffentlichen Ruhe, Sicherheit und Ordnung und zur Abwendung der dem Publiko oder einzelnen Mitgliedern desselben bevorstehenden Gefahr zu treffen, ist das Amt der Polizei." Diese Bestimmung gilt nicht nur im Gebiete des Allgemeinen Landrechts, sondern als Preußisches Landrecht für die ganze Monarchie (Urteil des Ober-Verwaltungsgerichts vom 11. 12. 1890). Zu den Gegenständen der ortspolizeilichen Vorschriften gehört nach § 6f des Gesetzes über die Polizei-Verwaltung vom 11. März 1850, eingeführt in die neuen Provinzen durch Königliche Verordnung vom 20. September 1867, unter anderem die Sorge für Leben und Gesundheit. Eine Reihe von Entscheidungen des Ober-Verwaltungsgerichts haben die Befugnisse und Aufgaben der Polizei auf gesundheitlichem Gebiete näher erläutert. Danach kann sie z. B. das Lagern von Fellen, Häuten oder Knochen auf einem Grundstück wegen Gefährdung der Gesundheit der Anwohner (Urteil vom 13. 12. 1894 und 10. 12. 1895) untersagen, die Herstellung einer der Zahl der Hausbewohner entsprechenden Anzahl von Klosetts (Urteil des IV. Senats vom 3. 7. 1895), die Entfernung von Schweinen aus den Ställen einer mit Schweinehaltung verbundenen Molkerei wegen übler Gerüche (Urteil des III. Senats vom 28. 12. 1895) verfügen, die Benützung einer Kegelbahn, das Zerschlagen eiserner T=Träger nach 10 Uhr abends wegen des dadurch erzeugten gesundheitsgefährdenden Geräusches verbieten. Das Einschreiten der Polizei ist aber nur zulässig in bezug auf die Abwendung einer bevorstehenden „Gefahr", nicht aber in bezug auf die Verhütung von Belästigungen und sonstigen Nachteilen. „Gefahr" im Sinne des § 10 Teil II Titel 17 des Landrechts ist ein solcher Zustand der Dinge, der die Besorgnis begründet, daß ein schädigendes Ereignis eintreten werde; sie ist nicht gleichbedeutend mit „Nachteil" oder „Belästigung"; ein polizeiliches Einschreiten läßt sich daher nur rechtfertigen, wenn der Nachweis einer Gefahr für Leib, Leben, Gesundheit oder Vermögen des zu Schützenden erbracht wird. (Urteil des Ober=Verwaltungsgerichts vom 27. 12. 1882 und 15. 10. 1894.) Es bedarf zu diesem Einschreiten nicht erst des Eintritts einer Gesundheitsschädlichkeit, sondern es genügt schon das „Bevorstehen", das „Drohen" einer solchen. Nach diesem Urteil hat die Polizei nicht nur wegen einer drohenden Gesundheitsgefährdung der Inhaber einer gesundheitswidrigen Wohnung die Befugnis zur Abhilfe, sondern auch wegen voraussichtlicher Vermögensschädigung, z. B. Verderbens von Mobiliar, Kleidung und ähnlicher Sachen mehr.

Die Duldung von Nachteilen oder Belästigungen, welche den Insassen einer Wohnung aus der Nachbarschaft sich ergeben, spricht § 906 des Bürgerlichen Gesetzbuchs aus:

„Der Eigentümer eines Grundstücks kann die Zuführung von Gasen, Dämpfen, Gerüchen, Rauch, Ruß, Wärme, Geräusch, Erschütterungen und ähnliche von einem anderen Grundstück ausgehende Einwirkungen insoweit nicht verbieten, als die Einwirkung die Benützung seines Grundstücks nicht oder nur unwesentlich beeinträchtigt oder durch eine Benützung des anderen Grundstücks herbeigeführt wird, die nach den örtlichen Verhältnissen bei Grundstücken dieser Lage gewöhnlich ist. Die Zuführung durch eine besondere Leitung ist unzulässig." Hierzu bemerkt Rosenthal in seinem Kommentar des Bürgerlichen Gesetzbuchs: „§ 906 betrifft eine für das tägliche

Leben besonders wichtige Frage. Das Bürgerliche Gesetzbuch steht bezüglich der hier in Rede stehenden, oft sehr lästigen Einwirkungen auf das Grundstückseigentum von seiten der Nachbargrundstücke (die Geräusche und Dünste industrieller Grundstücke, musikalische Geräusche usw.) auf dem Standpunkte, daß die bezeichneten Einwirkungen, sofern nicht die Zuführung durch eine besondere Leitung erfolgt, statthaft sein sollen, wenn sie

a) den Eigentümer in der Benützung seines Grundstücks nicht oder
b) nur unwesentlich beeinträchtigen, oder
c) wenn sie durch eine Benützung des anderen Grundstücks herbeigeführt werden, die nach den örtlichen Verhältnissen bei Grundstücken dieser Lage gewöhnlich ist (Industrieviertel einer Stadt).

Durch die Ausschließung des Verbietungsrechtes in den zuletzt bezeichneten Fällen wird im Einklange mit der neueren Rechtsentwickelung der Verschiedenheit der Verhältnisse, und zwar auch, soweit sie sich innerhalb eines und desselben Ortes geltend macht, die gebührende Rücksicht zuteil."

Aus dem Allgemeinen Landrecht Teil I Titel 8 interessieren für die Begutachtung gesundheitlich in Frage kommender Wohnungen noch folgende Bestimmungen:

§ 37. Dergleichen Gebäude muß der Eigentümer, soweit es zur Erhaltung der Substanz und Verhütung allen Schadens und Nachteils für das Publikum notwendig ist, in baulichem Stande unterhalten.

§ 38. Vernachlässigt er diese Pflicht dergestalt, daß der Einsturz des ganzen Gebäudes oder eine Gefahr des Publikums zu besorgen ist, so muß die Obrigkeit ihn zur Veranstaltung der notwendigen Reparatur innerhalb und nach den Umständen zu bestimmenden billigen Frist, allenfalls durch Zwangsmittel anhalten.

§ 39. Sind diese fruchtlos, so ist die Obrigkeit den notwendigen Bau auf seine Kosten zu veranstalten berechtigt.

§ 71. In allen Fällen, wo es sich findet, daß ein ohne vorhergegangene Anzeige unternommener Bau schädlich oder gefährlich für das Publikum sei oder zur großen Verunstaltung einer Straße oder eines Platzes gereicht, muß derselbe nach der Anweisung der Obrigkeit geändert werden.

§ 72. Findet die Änderung nicht statt, so wird das Gebäude wieder abgetragen und alles auf Kosten der Bauenden in den vorigen Stand gesetzt werden.

Zu § 38 bemerkt Rapmund (Der beamtete Arzt Teil II S. 340), daß in solchen Fällen die Polizei auch das Bewohnen des betreffenden Gebäudes verbieten oder verhindern kann, vorausgesetzt, daß durch diese Maßnahmen die die Menschen bedrohende Gefahr tatsächlich ausgeschaltet wird.

Kommt der Eigentümer eines Gebäudes seiner Verpflichtung zur baulichen Instandsetzung desselben aus § 37 Allgemeines Landrecht Teil I Titel 8 nicht nach, so kann er außerdem als ersatzpflichtig für etwaige aus dieser Unterlassung sich ergebende Gesundheitsschädigungen in Anspruch genommen werden, wie der § 836 des Bürgerlichen Gesetzbuchs festlegt:

„Wird durch den Einsturz eines Gebäudes oder eines anderen mit einem Grundstück verbundenen Werkes oder durch die Ablösung von Teilen des Gebäudes oder des Werkes ein Mensch getötet, der Körper oder die Gesundheit eines Menschen verletzt oder eine Sache beschädigt, so ist der Besitzer des Grundstückes, sofern der Einsturz oder die Ablösung die Folge fehlerhafter Errichtung oder mangelhafter Unterhaltung ist, verpflichtet, dem Verletzten den daraus entstehenden Schaden zu ersetzen."

Außer diesen die Wohnungsfrage betreffenden Bestimmungen kommt noch in Betracht der § 367[13] des Strafgesetzbuchs für das Deutsche Reich, welcher besagt: „Mit Geldstrafe bis zu 100 Mark oder mit Haft wird bestraft, wer trotz der polizeilichen Aufforderung es unterläßt, Gebäude, welche dem Einsturz drohen, auszubessern oder niederzureißen." — Von einschneidender Bedeutung und geeignet, die Verbesserung oder Beseitigung gesundheitswidriger Wohnungen tatkräftig zu fördern, hat sich aber der § 544 des Bürgerlichen Gesetzbuchs erwiesen, welcher lautet:

„Ist eine Wohnung oder ein anderer zum Aufenthalte von Menschen bestimmter Raum so beschaffen, daß die Benützung mit einer erheblichen Gefährdung der Gesundheit verbunden ist, so kann der Mieter das Mietsverhältnis ohne Einhaltung einer Kündigungsfrist kündigen, auch wenn er die gefahrbringende Beschaffenheit bei dem Abschlusse des Vertrages gekannt hat oder auf die Geltendmachung der ihm wegen dieser Beschaffenheit zustehenden Rechte verzichtet hat."

Hierzu bemerkt Rosenthal in seinem Kommentar des Bürgerlichen Gesetzbuchs (S. 176/77): „Diese Vorschrift ist ein wichtiges

Gesetzliche Unterlagen und gerichtliche Entscheidungen. 7

Hilfsmittel zur Lösung der Wohnungsfrage. Die Rücksicht auf die Gesundheit des Mieters und seiner Angehörigen ist hier höher als die Vertragstreue gestellt. Die Vorschrift kann als Stützpunkt für polizeiliche Maßnahmen dienen und wird auf die Vermieter schon vermöge ihres Vorhandenseins einen gewissen Druck ausüben, die Wohnungen gesünder zu gestalten. Es kommt allerdings oft vor, daß der Mieter weiß, die Wohnung sei feucht usw., und daß er, die Gefahren unterschätzend, sie trotzdem mietet. Stellt sich hinterher Krankheit ein, so ist es hart, ihn mittelbar (dadurch, daß er die Miete zahlen muß) zu zwingen, in der Wohnung zu bleiben. Es kommt auch noch in Betracht, daß der Mieter regelmäßig nicht nur für sich, sondern auch für seine Familie mietet, und daß er nicht befugt erscheint, durch einen Verzicht (sei er ein ausdrücklicher, sei er ein stillschweigender, wie ihn das Mieten der Wohnung in Kenntnis des Mangels enthält) über Leib und Leben seiner Angehörigen zu verfügen. Allerdings werden Mißbrauch des Kündigungsrechtes, Schikanen und unnötige Prozesse durch die Vorschrift des § 544 vielleicht oft verursacht werden; dem gegenüber ist darauf hinzuweisen, daß Voraussetzung des Kündigungsrechtes eine ‚erhebliche‘, also naheliegende Gesundheitsgefahr ist. ‚Andere zum Aufenthalte von Menschen dienende Räume‘ im Sinne des § 544 sind: Kontore, Läden, Werkstätten usw." — Hinsichtlich des Begriffs und der Bedeutung eines zum dauernden (diesen Zusatz enthält der § 544 Bürgerlichen Gesetzbuchs nicht) Aufenthalt von Menschen bestimmten Raumes waren bereits vor dem Inkrafttreten des Bürgerlichen Gesetzbuchs resp. bald danach mehrfache Urteile des Ober-Verwaltungsgerichts ergangen. So diejenigen vom 6. und 23. März 1888 und 10. September 1892: „Nach der ständigen Rechtsprechung des Ober-Verwaltungsgerichtes müssen für die Entscheidung der vorstehenden Fragen in zweifelhaften Fällen stets die Verhältnisse des betreffenden Falles mit ausschlaggebend sein. Es wird wesentlich darauf ankommen, wie sich im Einzelfall die Tatsache der Benützung der in Betracht kommenden Räume gestaltet, bezw. bei einer ihrer Einrichtung entsprechenden Benützung gestalten wird." Das Urteil vom 17. Oktober 1888 besagt: „Die Vermutung, daß Räume mißbräuchlich zu Schlaf- und Wohnräumen benützt werden könnten, rechtfertigt nicht ein Verbot ihrer Anlage." Nach den Urteilen vom 23. März 1888 und 26. Mai 1893 sind zu Räumen zum dauernden

Aufenthalt von Menschen im allgemeinen solche zu rechnen, die in einer Weise benützt werden, die den Aufenthalt der darin verkehrenden Personen als einen nicht bloß vorübergehenden erscheinen läßt. Außerdem muß diese Benützung nicht vereinzelt in größeren Zwischenräumen, sondern im wesentlichen fortgesetzt und stetig, zum mindesten in einer regelmäßigen Wiederholung erfolgen. Zu Räumen zum dauernden Aufenthalt von Menschen sind nicht nur Wohn- und Schlafräume, sondern auch Küchen- und Restaurationsräume, gewerbliche Betriebs- und Werkstätten (Backstuben usw.) zu rechnen, wie die Urteile vom 16. September 1887 und 27. November 1895 zum Ausdruck bringen. Hinsichtlich der Lager- und Aufbewahrungsräume z. B. eines größeren Verkaufs-Warenhauses besagt das Urteil vom 3. Juli 1900, daß diese dann zu den zum dauernden Aufenthalt von Menschen bestimmten Räumen gehören, wenn sich in ihnen eine mit dem Verkaufe verbundene, sei es denselben auch nur vertretende oder auf den Versand der Waren bezügliche gewerbliche Tätigkeit vollzieht, die über die mit der bloßen Lagerung der Waren notwendig verbundene Tätigkeit hinausgeht.

Schließlich sei noch der § 618 des Bürgerlichen Gesetzbuchs angezogen, welcher die Verpflichtung der Arbeitgeber zur gesundheitlich einwandfreien Unterhaltung der für die Arbeitnehmer bestimmten Räume zum Ausdruck bringt und welcher lautet: „Der Dienstberechtigte hat Räume, Vorrichtungen und Gerätschaften, die er zur Verrichtung der Dienste zu beschaffen hat, so einzurichten und zu unterhalten . . . ., daß der Verpflichtete gegen Gefahr für Leben und Gesundheit so weit geschützt ist, als die Natur der Dienstleistung es zuläßt.

Ist der Verpflichtete in die häusliche Gemeinschaft aufgenommen, so hat der Dienstberechtigte in Ansehung des Wohn- und Schlafraumes . . . . diejenigen Einrichtungen und Anordnungen zu treffen, welche mit Rücksicht auf die Gesundheit, die Sittlichkeit und Religion des Verpflichteten erforderlich sind."

Die angeführten gesetzlichen Bestimmungen beweisen, daß eine genügende Grundlage zum Einschreiten gegen gesundheitswidrige Wohnungen im Einzelfalle gegeben ist. Die Entscheidungen des obersten Preußischen Verwaltungsgerichtshofes lassen keinen Zweifel darüber, was unter Wohnungen und anderen zum Aufenthalte von Menschen bestimmten Räumen zu verstehen ist und daß sich der

Inbegriff derselben nicht auf die Wohn- und Schlafräume im engeren Sinne beschränkt. Die Erfahrung seit der kurzen Gültigkeit des Bürgerlichen Gesetzbuchs hat gezeigt, wie recht Rosenthal hatte, wenn er voraussagte, daß unnötige und schikanöse Prozesse die Folge des § 544 Bürgerlichen Gesetzbuchs sein würden. Die Kenntnis dieses Paragraphen hat sehr bald Verbreitung unter allen Bevölkerungsschichten gefunden und ist nicht nur als eine vorbeugende Handhabe zur Abwendung gesundheitlicher Gefahren, sondern auch als ein willkommenes Mittel zur Lösung eines lästigen Mietsvertrages mit Freuden begrüßt worden. Die ausbleibende Einträglichkeit eines in ungünstiger Geschäftslage oder unter ungünstigen Umständen eingerichteten gewerblichen Betriebes, eines Hotel garni und dergleichen mehr macht die Einhaltung des eingegangenen Mietsvertrages unbequem und mit Geldopfern verbunden. Der § 544 gibt die Handhabe zur Lösung desselben, wenn erhebliche gesundheitliche Gefahren aus der Beschaffenheit der gemieteten Räume zu besorgen sind. Ergeben sich hierfür auch nur geringe Anhaltspunkte, so wird die Tätigkeit des Sachverständigen in Anspruch genommen. Derselbe hat hiernach alle Veranlassung, mit seinem Urteil sehr vorsichtig zu sein und nur nach genauer Prüfung und Erwägung der Verhältnisse dasselbe abzugeben. Anderenfalls würde er bei den gerichtlichen Verhandlungen, welche sich an das Gutachten anschließen können, unter Umständen in eine peinliche, sein Ansehen nicht fördernde und seine Zuverlässigkeit in Frage stellende Lage kommen.

Für die Abgabe des Gutachtens kommt zunächst nur die zeitige, angeblich gesundheitsgefährdende Beschaffenheit der untersuchten Räume in Betracht. Die Ursache resp. Veranlassung zu dieser Beschaffenheit ist nicht Gegenstand des ersten Gutachtens, sondern der weiteren gutachtlichen Auslassungen bei den Verhandlungen in dem sich etwa anschließenden Prozesse. Diese weiteren gutachtlichen Äußerungen können auch teilweise nur erst dann erfolgen, nachdem noch andere Sachverständige, besonders Bausachverständige zugezogen und Zeugen zur Sache, z. B. frühere Bewohner, vernommen sind. Unter Verwertung der Gutachten und Aussagen dieser kann dann unter Umständen der Hygieniker erst zu einem definitiven Urteil darüber kommen, wodurch die gefundene gesundheitsgefährdende Beschaffenheit einer Wohnung verursacht ist.

Bevor wir an die Beschreibung und Begutachtung der gesundheitswidrigen Beschaffenheit von Wohnräumen herantreten, ist es erwünscht, diejenigen Anforderungen zu kennen, welche nach dem zeitigen Stande der hygienischen Wissenschaft und Erfahrung an einwandfreie und gesunde Wohnungen gestellt werden müssen. Dabei wird bemerkt, daß in den folgenden Abschnitten im wesentlichen nur die Wohnräume im engeren Sinne, welche dem Aufenthalte eines einzelnen oder von Familien zu dienen bestimmt sind, der Betrachtung unterliegen sollen.

II.
Anforderungen an gesunde Wohnungen.

Der Zweck der Wohnung ist nicht nur, als Obdach zu dienen und den Bewohnern Schutz gegen die Unbilden der Witterung und des Klimas zu gewähren, sondern auch ein behagliches Heim zu schaffen und eine Stätte, in welcher die Gesundheit nicht Schaden leidet, wie dies in feuchten, überfüllten, schlecht heiz- und lüftbaren sowie mangelhaft belichteten Räumen nicht selten der Fall ist. Das ursprüngliche Wohnhaus der Menschen entsprach diesem Zwecke völlig, weil man es den Bedürfnissen entsprechend einrichtete und es abänderte, sobald sich Mißstände herausstellten. Im Gegensatz hierzu stellte sich das Streben der seit Mitte des vorigen Jahrhunderts in raschen Aufschwung gekommenen Technik des Hochbaues, möglichst monumentale Bauten aufzuführen, bei denen Standfestigkeit, Feuersicherheit und Wetterbeständigkeit die Haupterfordernisse bildeten, während die Rücksichten auf die Gesundheit der Bewohner zurückgedrängt wurden. So entstanden in den modernen Großstädten jene Straßenfluchten von Mietskasernen, welche durch die fehlende Abwechselung und plumpe Gestaltung der architektonischen Ausführung auf das Auge des Beschauers keine reizvolle Wirkung ausüben und für die Gesundheit der Bewohner wegen ihrer schematischen Ausführung mannigfache Nachteile in sich bergen. Da die An-

Anforderungen an gesunde Wohnungen.

forderungen an gesunde und behagliche Wohnungen nach Klima, Sitte, Zeitumständen, Gewohnheit, Wohlstand, Erwerbstätigkeit, Wohndichtigkeit, den gegebenen Baumaterialien usw. wechseln, ist es wünschenswert, daß die aufgeführten Wohnungsbauten nicht eine unbegrenzte, über Jahrhunderte sich erstreckende Beständigkeit haben, sondern daß alte Gebäude neuen Platz machen, welche den veränderten Lebensbedingungen der Menschen sich besser anpassen. Das letztere trifft auch für die mittelalterlichen Bauten der Städte zu, die errichtet wurden, als diese, noch von beengenden Mauern eingeschlossen, eine Ausdehnung in das umgebende Gelände der Sicherung des Schutzes wegen nicht erfahren konnten und die Bewohner daher in engen Gebäuden Unterkunft fanden, welche der freien Umspülung durch Luft und des ungehinderten Zutritts des Lichtes entbehrten.

Für die modernen Menschen bilden die Wohnungen eine bleibende Stätte, welche sie nicht so nach Belieben und so rasch wechseln können, wie der Nomade seine Hütten. Ist dieser imstande, bei Eintritt ungünstiger Verhältnisse, z. B. bei Überschwemmung, ungenügendem Schutz gegen Witterungseinflüsse und dergleichen seine Hütte abzubrechen und besser gelegen und geschützt wieder aufzubauen, so kann der Bewohner eines festen Hauses zwar dasselbe mit einem anderen vertauschen, wenn gesundheitsnachteilige Mängel sich fühlbar machen, dabei jedoch Gefahr laufen, vom Regen in die Traufe zu kommen, wenn sein neues Obdach noch mehr ohne hygienische Rücksichten errichtet ist, wie das bisherige.

Um diese Übelstände zu verhüten, ergeben sich teils aus der Erfahrung heraus, teils durch wissenschaftliche Überlegung gewisse Bedingungen, unter denen ein Haus errichtet werden muß, wenn die in demselben gelegenen Wohnungen den einfachsten gesundheitlichen Anforderungen genügen sollen, und welche um so mehr berücksichtigt werden müssen, je mehr die Wohnungsdichtigkeit zunimmt.

Schon bei der Gestaltung des Bebauungsplanes ist bei der Erweiterung von Städten und Ortschaften darauf Bedacht zu nehmen, besondere Wohnungsviertel vorzusehen, aus denen luftverunreinigende und störendes Geräusch verursachende gewerbliche Betriebe ausgeschlossen werden. Die Ruhe der Bewohner und die Beschaffung möglichst einwandfreier Luft erfährt hierdurch schon eine wohltuende Förderung. Des weiteren ist die Wahl des Bauplatzes von nicht zu unterschätzender Bedeutung. Gesundheitliche Gefahren,

z. B. durch Überflutungen des Terrains, durch Eindringen von Grundwasser in Erdgeschosse, lassen sich von vornherein vermeiden. Steht die Wahl des Bauplatzes nicht frei, dann ist durch sachgemäße Bauausführung und durch Verwendung zweckmäßigen Baumaterials dafür Sorge zu tragen, daß Schädigungen aus dem Baugrunde für die Bewohner verhütet werden. Diese Forderung ist bei dem heutigen Stande der Technik und den zur Verfügung stehenden Materialien unschwer zu erfüllen. Soll die Wohnung die Regulierung eines gleichmäßigen milden Klimas dem Bewohner derselben ermöglichen, so müssen die Außenwände so hergestellt sein, daß sie möglichst trocken sind und die Wärme schlecht leiten, ferner von außen andringende oder aus dem Boden aufsteigende Feuchtigkeit abhalten. Mit einfachen Mitteln sehen wir diese Aufgabe gelöst bei dem schindelbedeckten Blockhause der Alpenbewohner und dem norwegischen und russischen Bauernhause mit seinem weit über die Wandflächen vorspringenden Schutzdache und seinen holzgetäfelten Innenräumen, welche trotz des in jenen Gegenden rauhen Klimas zu jeder Zeit zuträgliche Wärmeverhältnisse ermöglichen. Außer der Dichtigkeit, Unversehrtheit und Standsicherheit der Umfassungswände ist die Bedachung des Hauses von Wichtigkeit, insofern sie das Eindringen der Niederschlagswässer in das Hausinnere verhüten und eine zu starke Erwärmung der Luft in den oberen Geschossen während der heißen Jahreszeit hintanhalten muß. Die Ableitung der Dachwässer soll so gesichert erfolgen, daß ein Eindringen derselben in das Gebäude ausgeschlossen ist.

Den hervorragendsten Platz unter den gesundheitlichen Forderungen nimmt die Beschaffung guter Luft in den Wohnungen ein. Der Mensch fühlt sich am wohlsten in frischer Waldes=, Berg= und Seeluft. Kranke, Genesende und Schwache werden deshalb in Luftkurorte geschickt. Der gesunde Stadtbewohner hat das Bestreben, während seiner freien Zeit der engen Stadtwohnung zu entfliehen und ins Freie sich zu begeben, um den Genuß frischer Luft sich zu verschaffen. Dieselbe ist eine unerläßliche Vorbedingung für Beschaffung und Erhaltung gesunden Blutes, geistiger und körperlicher Frische und damit der individuellen Leistungsfähigkeit. Durch das Leben und wirtschaftliche Getriebe in den Wohnungen, durch Heizung und künstliche Beleuchtung, durch Eindringen von Keller= und Bodenluft, durch Zersetzungsvorgänge im Gebäude, gasige Umwandlungs=

Anforderungen an gesunde Wohnungen. 13

produkte aus Fehlböden erleidet die Binnenluft der Wohnungen ungünstige Veränderungen, welche durch genügende Zufuhr frischer Luft wieder ausgeglichen werden müssen. Da der moderne Mensch, besonders der Stadtbewohner, einen großen Teil seines Lebens in geschlossenen Räumen zubringt, so ist es Aufgabe des Hygienikers und Technikers, dafür zu sorgen, daß jene eine möglichst einwandfreie Luft zugeführt erhalten. Weil man schlechte Luft nicht sieht und manche Menschen auch nicht riechen, geschieht nach dieser Seite hin noch viel zu wenig. Durch den Zwang, in engen Wohnungen in großer Zahl zusammenwohnen und die dadurch verschlechterte Luft dauernd einatmen zu müssen, haben viele Menschen das Empfinden und Bedürfnis für frische Luft geradezu verloren. Die Gewöhnung tut hier zum Schaden der Gesundheit vieles. Betritt man solche Wohnungen, so schreckt man vor der widerlichen Luftbeschaffenheit derselben zurück und vermag kaum zu atmen. Bringt man solche Menschen in bessere, gesunde Luft bietende Verhältnisse, so fühlen sie sich zunächst nicht wohl, empfinden die gute Luft als etwas Fremdes und müssen sich erst an diese gewöhnen, ehe das Gefühl der Behaglichkeit bei ihnen einkehrt. Man sieht, wie schlechte Wohnungsverhältnisse die einfachsten natürlichen Empfindungen der Menschen abstumpfen und die letzteren den Tieren näher bringen können.

Außer der Sorge für gute Luft ist der Zutritt von möglichst viel Licht in unsere Wohnungen von einschneidender Bedeutung. Dasselbe wirkt, abgesehen von der Blendung, überwiegend wohltätig auf die Gesundheit der Menschen ein. Ohne Licht gäbe es kein Leben. Die Pflanze geht unmittelbar durch Lichtmangel zugrunde. Und wenn auch Menschen und Tiere eine Zeit lang ohne Licht bestehen können, so wäre doch ihre Ernährung wegen Unmöglichkeit der Vegetation dabei bedroht. „Das Licht mit seinen warmen satten Farben," schreibt Rubner, „wirkt wohltätig auf die Psyche, es stimmt uns heiter und freudig, spornt zur Arbeit und regt durch den Wechsel der Sinneseindrücke unseren Stoffwechsel an. Entziehung von Licht macht schläfrig, traurig und gilt als empfindliche Strafe. Das Auge wird krank bei mangelhaftem Licht. Dasselbe dringt tief durch die für dasselbe transparable Haut in unseren Körper ein und beeinflußt in günstiger Weise die Zusammensetzung der Körpersäfte." Tiere atmen im Licht mehr Kohlensäure aus und nehmen mehr Sauerstoff auf. Die Körpertemperatur kleiner

Kinder, welche im dunklen Zimmer gehalten werden, ist nach Demme um 0,5° unternormal. In Polarländern verbreitern sich die Oxyhämoglobinbänder der Einwohner während der Polarnacht. Die Ablagerung von dunklem Pigment in der Haut, die gesunde Bräunung des Teints, die Entstehung von Sommersprossen ist als direkte chemische Wirkung der Lichtstrahlen anzusehen. Ferner wirkt das Licht nutzbringend, indem es die Feinde unserer Gesundheit, die Mikroorganismen, zerstört. Schon Göppert gab an, daß der Hausschwamm nur im Dunkeln gedeihen kann. Zahlreiche Untersuchungen über die bakterientötende Eigenschaft des zerstreuten und direkten Sonnenlichtes sind in neuerer Zeit angestellt worden. Aus denselben geht hervor, daß namentlich das direkte Sonnenlicht, und zwar unabhängig von seiner Wärme, sowohl sporenfreie als sporenhaltige Bakterien mitunter schon in wenigen Stunden vernichten oder ihrer krankmachenden Eigenschaften berauben kann. Diese Tatsache wurde von zahlreichen Forschern für Milzbrand-, Tuberkel-, Typhus- und Diphtheriebazillen sowie Choleravibrionen ermittelt. Besonders sind es die blauen, violetten und ultravioletten Strahlen, welche direkt das lebende farblose Protoplasma der Bakterien schädigen. Diese Erfahrungen stehen in Übereinklang mit der Volksmeinung, daß helle Wohnungen gesund, dunkle ungesund sind. Ein Ersatz des Tageslichtes durch künstliche Beleuchtung muß wegen der geringen chemischen Wirkung der letzteren in gesundheitlicher Hinsicht als ausgeschlossen erachtet werden. Deshalb erhebt die Hygiene immer und immer wieder den Ruf nach Licht, viel Licht und womöglich viel Tageslicht. Der IV. internationale Kongreß für Hygiene und Demographie zu Wien 1887 einigte sich hierüber zu folgendem Ausspruch: „Die Wichtigkeit des Lichtes ist für den Menschen so groß, daß dieser sich nicht scheuen soll, die schwersten Opfer zu bringen, um seine wohltätige Wirkung sich zu verschaffen. Es begünstigt die Tätigkeit der Haut; es vermehrt den Atmungsaustausch; es steigert den Blutreichtum und regt die Ernährung an; es trägt zur regelrechten Entwickelung der Kinder bei und gibt allen physische und moralische Kraft. Es bildet ein für das Auge vorteilhaftes Medium, und es ist der Mangel des Lichtes eine der häufigsten Ursachen der Erschütterung des Lebens. Endlich gesundet es die Wohnungen, indem es die infektiösen Keime vernichtet. Diese hygienischen Eigenschaften gehören den Strahlen an, welche direkt vom Himmel ausgehen, nicht aber jenen, welche von Mauern usw. zurückgeworfen werden (diffuses Licht)." Wir werden daher verlangen müssen, daß jeder Wohnraum dem Eintritt des direkten Himmelslichtes Zugang gestattet und daß die Eintrittsöffnungen eine gewisse Größe im Verhältnis zur Bodenfläche des betreffenden Raumes haben.

Trockenheit, Luft und Licht erschöpfen allein aber nicht die Anforderungen, welche an gesunde Wohnungen zu stellen sind. In unserem gemäßigten Klima gehört dazu auch noch die Möglichkeit, dieselben während der rauhen Jahreszeit hinreichend erwärmen zu können, so daß der Aufenthalt in ihnen namentlich für Kinder, Greise und Genesende sowie Personen mit vorwiegend sitzender Lebensweise ein erträglicher und der Wärmeverlust nicht empfindlich gesteigert wird. Zu diesem Zwecke sind Heizeinrichtungen benötigt, welche groß genug und geeignet sind, eine genügende Erwärmung herbeizuführen, und gleichzeitig jede Gefahr durch austretende Heizgase und giftige Produkte unvollkommener Verbrennung ausschließen. Weiter ist erforderlich, daß die erzeugte Wärme durch Undichtigkeiten der Decken und Wände nicht ungenützt entweichen und ebendaher sowie durch Dielen nicht allzu reichlich und gewaltsam kalte Luft von außen nachdringen kann, so daß es möglich sein muß, überall und zu jeder Zeit ein behagliches Wohnungsklima sich zu bereiten. Umgekehrt dürfen in der heißen Jahreszeit die Wohnungen nicht ungeschützt der Einwirkung andauernder Besonnung und damit der Überhitzung ausgesetzt sein.

Soll die Wohnung für die Menschen eine Stätte ungestörter Tätigkeit, der Erholung und des Ausruhens von solcher und der Sammlung frischer Kraft sein, so ist die nötige Ruhe in derselben ein weiteres Erfordernis, welches leider nur zu wenig Beachtung findet. Der mit geistiger Tätigkeit seine Lebensaufgabe leistende Mensch bedarf derselben in erhöhterem Maße als der nur physisch Arbeitende. Der Kranke und Genesende, der nervös Abgespannte und körperlich wenig Widerstandsfähige werden durch Mangel an Ruhe in der Wiedergewinnung oder Erhaltung des gesunden Gleichgewichts beeinträchtigt. Je mehr die Ansprüche an die geistige Leistungsfähigkeit sich erhöhen, um so notwendiger werden ungestörte Pausen, in denen der Wiederersatz verbrauchter Nervenkraft sich vollziehen kann. Während der Arbeiter, von der körperlichen Anstrengung ermüdet, selbst in unruhiger Umgebung Schlaf und Stärkung zu neuer Tagesarbeit findet, ist der mit dem Gehirn arbeitende Mensch auf möglichst große Ruhe während der Arbeit und nach derselben zum Schlaf angewiesen. An ein gleichmäßiges, einförmiges, nicht zu lautes Geräusch gewöhnt sich der Mensch. Harte, schrille, intermittierende oder in der Intensität rasch und umfänglich wechselnde Geräusche werden dagegen störend und nachteilig empfunden.

Weiter ist für gesunde Wohnungen zu fordern, daß die gemeinübliche Benützung der Wirtschaftsräume, besonders der Küchen, nicht zu gesundheitsnachteiligen Veränderungen in den Wohnräumen führt, so z. B. durch Eindringen der Dünste und Kochdämpfe in die Wohnräume, wodurch Feuchtwerden der Innenflächen der Wände und Schimmelbildung, Verderbnis der Luft usw. hervorgerufen werden kann. Auch die Abortanlagen, die Vorrichtungen zur Ableitung der Hauswässer und zur Beseitigung des Hausmülls bedürfen der Berücksichtigung, um Verschlechterungen der Luft und Verschmutzung des Wohnungsinnern hintanzuhalten. Die Verbindung von Wasserleitung und Klosett ist unterbrochen zu gestalten, so daß ein Übertritt von Fäkalmassen in jene ausgeschlossen ist.

Hinsichtlich des Luftmaßes, welches dem einzelnen Bewohner zur Verfügung stehen sollte, bestehen allgemein bindende Bestimmungen nicht. Wenn gesundheitlich gefordert wird, daß z. B. für den Kopf eines Erwachsenen 10 und eines Kindes unter 10 Jahren 5 cbm Luftraum vorhanden sein sollen, so ist dies sicherlich der bescheidenste Anspruch, welcher erhoben werden kann. Die Höhe selbst des einfachsten Wohnraumes sollte so bemessen sein, daß die Decke gut 0,5 m über dem Scheitel des Erwachsenen liegt, kein Raum also unter 2,50 m hoch ist. Aber auch eine zu große Höhe, über 4 m, muß für gewöhnliche Wohnräume wegen der Verteuerung und Schwierigkeit der Erwärmung vermieden werden.

Schließlich ist zu verlangen, daß die Räume sich in einem baulich einwandfreien Zustande befinden, daß Decken, Wände und Dielungen haltbar sind und eine mechanische Gefährdung des körperlichen Bestandes und des Lebens ausschließen, daß die Wandinnenflächen glatt und sauber hergerichtet sind und eine hinreichende Reinigung gestatten, daß die Fehlböden gegen die Wohnräume dicht abgeschlossen sind und staub- oder gasförmige Verunreinigungen der Luft der Wohnungsräume nicht zulassen. Auch der Zugang zu den Wohnungen muß eine Gefährdung des Leibes und Lebens ausschließen.

Für den Stadtbewohner ist ferner von einem gewissen Wert, einen Balkon zur Verfügung zu haben, um nach heißen Sommertagen am Abend den Genuß kühlerer Luft sich verschaffen zu können, und für Genesende oder Kranke, um ohne die ermüdende oder unmögliche Benützung von Treppen überhaupt an die freie Luft zu kommen.

Da bei unseren Betrachtungen nur die unumgänglich notwendigen Anforderungen, welche an Räume zum dauernden Aufenthalt von Menschen gestellt werden müssen, einer Besprechung unterliegen sollen, sehen wir von allen denjenigen Einrichtungen ab, welche dem gesundheitlichen Komfort dienen, wie z. B. Baderäume, zentrale Heizungs- und Ventilationsanlagen und dergleichen mehr, und wenden uns nunmehr denjenigen Befunden zu, welche als den einfachsten hygienischen Ansprüchen nicht genügend zur Beobachtung kommen.

III.
Besichtigungsbefunde von Wohnungen, welche gesundheitlichen Voraussetzungen nicht entsprechen.

Die nachfolgenden Schilderungen sind das Ergebnis von Wohnungsbesichtigungen, welche während längerer Jahre und in zahlreichen, viele Hunderte betragenden Fällen von dem Verfasser gemacht worden sind. Diese Schilderungen erheben nicht den Anspruch, daß sie alle Möglichkeiten erschöpfen, unter denen eine Wohnung oder ein zum dauernden Aufenthalt von Menschen bestimmter Raum in einen die Gesundheit gefährdenden Zustand geraten kann. Immerhin erscheinen sie so reichhaltig, daß die wesentlichsten und häufigsten Ursachen und Erscheinungen gesundheitsnachteiliger Wohnungen darin zum Ausdruck kommen.

Zur übersichtlichen Darstellung der in Betracht kommenden und aufgefundenen gesundheitlichen Mißstände erscheint es zweckmäßig, dieselben unter gewissen einheitlichen Gesichtspunkten zu betrachten, welche die Beschaffenheit der Luft, die Belichtung, Beheizung, Trockenheit resp. Feuchtigkeit der Räume, Geräuschbelästigung usw. umfassen.

Beginnen wir mit denjenigen Veränderungen, welche die Luft geschlossener Räume betreffen. In denjenigen Wohnräumen, in denen sich dauernd Menschen aufhalten, ist das Bedürfnis je nach der Inanspruchnahme und Bewohnerzahl mehr oder weniger lebhaft vorhanden, die Innenluft durch Zufuhr von außen aufzufrischen und die durch die Atmung, Beleuchtung, Heizung und den wirtschaftlichen Betrieb verschlechterte Luft abzuführen. Besonders ist dies für die Luft der Schlafzimmer eine dringende Notwendigkeit. Wenn aber die von außen eindringende Luft bereits vor ihrem Eintritt verunreinigt ist, ist sie ungeeignet, einen gesunden Wechsel der Binnenluft herbeizuführen. So wurde wiederholt festgestellt, daß niedere Schornsteine von unmittelbar angrenzenden Nachbarbaulichkeiten, welche unterhalb der Fenster der oberen Stockwerke von Wohngebäuden mit ihren oberen Öffnungen abschnitten, beim Öffnen der Fenster mit der Luft unmittelbar Rußteile und Rauchgase in die Zimmer eindringen ließen, besonders dann, wenn die Windrichtung diesen Eintritt noch begünstigte. In alten Stadtteilen, in welchen innerhalb eines Straßenvierecks enge, 4—5 Stockwerke hohe Wohngebäude dicht und ohne Unterbrechung aneinander gebaut sind, umschließen diese mit ihren Rückmauern einen allen gemeinsamen Luftraum als Lufthof, welcher gewöhnlich durch Quergebäude wieder in größere und kleinere Unterabteilungen zerlegt ist und auf dessen Boden nicht selten zahlreiche niedrige, regellos durcheinander gebaute, wirtschaftlichen und kleingewerblichen Zwecken dienende Nebengebäude mit Feuerungsanlagen angebracht sind. Die hier aus den niedrig gelegenen Schornsteinen austretenden Rauchmassen verderben, wenn sie reichlich oder längere Zeit anhaltend austreten, die Luft dieser Höfe, welche zudem wegen der erheblichen Höhe der sie umschließenden Häuser eines kräftigen Wechsels durch Windströmungen entbehrt. Es ist unter solchen Umständen für die Bewohner der nach der Hofseite hin gelegenen Räume geradezu unmöglich, sich reinen Luftersatz zu verschaffen. Wegen der größeren Ruhe pflegt man hierher gerade die Schlafzimmer zu verlegen, welche einer ergiebigen und längeren Tageslüftung bedürfen. So wurden Wohnräume besichtigt, in denen wegen der Rauchbelästigung ein Öffnen der Fenster nicht möglich war, die durch den Atmungsprozeß und den Wirtschafts= betrieb der Bewohner verschlechterte und zurückgehaltene Luft einen widerlichen Geruch hatte und die Insassen über übles Befinden und Beschwerden nervöser Art klagten.

Außer durch Rauchbeimischung kann die zur Einfuhr dienende Luft auch durch Dünste und Gerüche leiden, welche aus Metall= schmelzereien, beim Auskochen in Schlächtereien, Talgschmelzereien, in Knochen= und Lumpenniederlagen, Trockenböden für Häute, Tier= blasen und dergl., Fischausschlächtereien, Fischräuchereien, Bäckereien, in denen Schmalz, Margarine und ranzige Butter verarbeitet wird, und in anderen riechende Produkte erzeugenden Betrieben mehr entstehen. Sind die Trennungswände zwischen solchen in benachbarten Gebäuden gelegenen gewerblichen Räumen und anstoßenden Wohn= räumen undicht oder gar rissig, was bei alten Gebäuden, namentlich Fachwerkbauten, wiederholt beobachtet wurde, so können derartige Dünste unmittelbar in die nachbarlichen Wohnräume eindringen und den Aufenthalt in denselben unmöglich machen. Ein solcher Befund wurde mehrfach erhoben. Liegen solche gewerbliche Anlagen um einen engen Lufthof herum und haben sie keine Entlüftungsanlagen über das Dach hinaus, müssen die Dünste vielmehr durch die ge= öffneten Fenster nach dem Hofe entlassen werden, so mischen sie sich mit der Luft desselben und bringen mit dieser selbst durch die ge= schlossenen, noch mehr freilich durch die geöffneten Fenster in die umgebenden Wohnräume ein. Ist die Außenluft feuchtkalt oder neblig, so verdichten sie sich an den Wasserteilchen derselben und schlagen sich mit diesen an den Wänden der Zimmer, an den Ober= flächen des Mobiliars und dergl. nieder. So klagten die Umwohner von Höfen, in welche die Dünste von Schmalzbäckereien austraten, besonders bei nebeligem Wetter über widerlichen fettig-brenzlichen Geschmack; sie hatten das Empfinden, als wenn Zunge und Gaumen mit einer fettigen, riechenden Schicht überzogen wären, und wurden dasselbe nur schwer los. Bei der Einnahme der Mahlzeiten machte sich dieser Geschmack ihnen unangenehm bemerkbar und nahm ihnen die Eßlust. Aus Kupferschmieden und Klempnereien, in denen offen in den engen Höfen kalte Beizungen mit Schwefel= oder Salzsäure

dauernd vorgenommen wurden, mischten sich deren Dünste der Hof=
luft bei und drangen mehrfach bis in die Höhe des II. und III. Stock=
werkes in die Wohnräume ein, verursachten das Rosten von Metall=
gegenständen und übten bei den Bewohnern einen anhaltenden, zu
Husten führenden Reiz auf die Atmungsschleimhäute aus.

Werden enge Höfe unsauber gehalten, Abgänge des Wirtschafts=
betriebes, tierische Exkremente oder mit eiweißhaltigen Unratmassen
durchsetzte Lumpen, Knochen, Heringstonnen mit ausfließender Lake
und dergl. auf ihnen lagern gelassen, so fangen diese unter dem
Einfluß von Wärme und Niederschlägen sich zu zersetzen an. Hierbei
bilden sich stinkende Umsetzungsprodukte gasiger Art, welche
die Luft verderben und besonders den Bewohnern der unteren
Geschosse unangenehm bemerklich werden. Noch mehr tun dies
größere Dunghaufen, besonders von Pferde= und Schweinedung.
Sehr viel schlimmer tritt eine solche Luftverderbnis ein, wenn
Stallungen in einem Wohnhause selbst untergebracht, gegen das
übrige Hausinnere nicht abgedichtet und mit Entlüftungsvorrichtungen
nicht versehen sind. Die üblen Ausdünstungen bringen dann in
das Treppenhaus bis zu den obersten Geschossen hinauf, verbreiten
sich von hier durch die Gänge und Flure bis an die Türen und
treten beim Öffnen derselben sowie durch Undichtigkeiten in die
Wohnräume selbst ein. Besonders häßlich und nachteilig ist solcher
Gestank aus Pferde= und Schweineställen. Wiederholt gaben die
Bewohner an, daß der Gestank des Schweinedunges für das Geruchs=
organ ekelhaft sei, während sich der Pferdedungdunst wie ein fettig=
pappiger Überzug auf die Schleimhäute legte und die Eßlust be=
einträchtigte, auch immer wieder durchschmeckte und schwer verging.
In einem herrschaftlichen Wohnhause hatte der im Keller desselben
hausende Krämer Hühner in einem Kellergeschoß untergebracht, das
Fenster desselben durch ein Drahtnetz ersetzt, so daß der Geruch der
sich zersetzenden Exkremente in die Außenluft trat, mit dieser in die
unmittelbar darüber gelegenen Wohnräume des Erdgeschosses eindrang
und diese verpestete. Außerdem ist nicht zu übersehen, daß durch
diese Gerüche zahllose Insekten angelockt werden, die Fäulnis=
produkte verschleppen und auf diese Weise den Anwohnern direkt
schädlich werden können.

Werden die Keller zu Lagerräumen von leicht zersetzlichen
Nahrungsmitteln, z. B. von Käse benützt, so wird die Luft

derselben reichlich mit den stinkenden gasigen Zersetzungsprodukten erfüllt und kann nun beim Aufsteigen durch undichte Fußböden in die darüber gelegenen Wohnräume eindringen. So wurde dieser unangenehme, durch die Eiweißumsetzung an menschliche Exkremente erinnernde Gestank bis in den Wohnungen des zweiten Geschosses gefunden. Werden die Kellertüren und Kellerluken geöffnet, so tritt der Gestank ins Freie, mischt sich der Außenluft bei und belästigt die Umwohner, besonders wenn die Entlüftung in enge Hofluft= schachte erfolgt.

Ähnlich luftverschlechternd wirken die gasigen Abgänge aus gewerblichen Betrieben. Hier sind vor allem die im Klein= gewerbe zur Verwendung kommenden Gas= und Petroleummotoren zu nennen. Wiederholt wurde über die ihnen entweichenden un= angenehmen Gerüche Klage geführt, wegen Verderbnis der Luft sowohl im Hausinnern, als auch in der nächsten Umgebung. Ein interessanter Fall kam in einem großen Warenhause zur Beobachtung, in welchem ein Gasmotor zum Antriebe von Dynamomaschinen zwecks Selbsterzeugung elektrischen Lichtes und elektrischer Kraft auf= gestellt war. Jedesmal sobald die Gasabwässer in die Kanalisation entlassen wurden, machte sich ein unangenehmer Geruch in dem lauf= abwärts an derselben Kanalleitung gelegenen Nachbarhause be= merklich. Besonders trat derselbe im Schlafzimmer, in der Küche und im Klosettraum auf, und zwar am stärksten in der Nähe der hier befindlichen Ausgüsse, bezw. des Klosetts. Offenbar drangen die Gase aus dem Kanalrohr in die Höhe, und zwar bis ins zweite Stockwerk, durchbrachen die Wasserverschlüsse und traten in die ge= nannten Schlaf= und Nebenräume ein, diese mit ihrem unangenehmen Geruch nach Schwefelwasserstoff verpestend. Dieselbe Wahrnehmung war an den kanalabwärts gelegenen Straßengullies zu machen. In gleicher Weise, aber noch unmittelbar schädigender wirkt natürlich ein Rohrbruch von Leuchtgas=Leitungen. So klagten die Bewohner einer Kellerwohnung tagelang über übles Befinden, ohne eine Ur= sache hierfür in der Wohnung zu entdecken, bis endlich Gasgeruch auftrat. Die sofort von dem hierüber unterrichteten Bureau der Gasanstalt entsandten Arbeiter fanden einen Rohrbruch in der Leitung, welche unmittelbar außen an der Außenmauer dieser Keller= wohnung entlang lief. Wie gewöhnlich hatte das frei austretende Gas, welches am Entweichen nach der Straßenoberfläche durch die

dichte Pflasterung derselben behindert war, seine riechenden Bestand=
teile so lange an das umgebende Erdreich abgegeben, bis dieses
gesättigt war und nun dieselben nicht mehr zurückhielt, sondern in
die Kellerwohnung durch die undichte, zum Teil verfaulte Holzdielung
eindringen ließ.

Als weiterer Übelstand wurde das andauernde Eindringen
feuchtkalter Luft beobachtet, welche aus sehr engen, von 3—4 ge=
schossigen Gebäuden umgebenen Luftschachten herstammte, deren Boden=
fläche nur wenige Quadratmeter betrug, zementiert resp. gepflastert
war und während des ganzen Jahres von keinem Sonnenstrahl
getroffen wurde. Die meteorischen Niederschläge und Schmelzwässer,
sowie durch Nachlässigkeit ausgegossene Wirtschaftsabwässer konnten
weder abfließen noch rasch versickern. Die in solchen engen Luft=
schachten stehende unbewegte kühle Luft sättigte sich mit den Dämpfen
des langsam verdunstenden Wassers und wurde feuchtkalt. Als
solche Luft drang sie durch die tagsüber geöffneten Fenster in die
um den Luftschacht gelegenen Wohn= und Schlafräume ein und ver=
ursachte eine feuchtkalte Beschaffenheit der Wände, Möbel, Kleidungs=
gegenstände und Betten wie in tiefgelegenen Kellern. Die Bewohner
hatten das Gefühl des Frierens infolge vermehrter Wärmeabgabe,
besonders auch nachts im Bett in unmittelbarer Nähe der Wände.
So erkrankte in einem solchen Schlafzimmer ein kräftiger junger
Arzt an Rheumatismus, welcher angeblich vor dem Bezuge dieser
Wohnung niemals an rheumatischen Affektionen gelitten hatte.

Weiter anzuführen ist die Verunreinigung der Außenluft mit
körperlichen Bestandteilen in erheblichem Grade, besonders in
Kellerräumlichkeiten an engen, verkehrsreichen Straßen, in denen
durch die Füße der Passanten und durch Fuhrwerke viel Schmutz
verbreitet und damit die Gelegenheit zu reichlicher Staubbildung
gegeben wird. Durch die nur wenig über das Niveau der Bürger=
steige sich erhebenden Fenster dringt dann reichlich staubförmiger
Straßenschmutz ein, erfüllt die Luft dieser Räume und macht wegen
seiner Abhaltung ein Öffnen der Fenster kaum angängig. Das
gleiche traf zu für Wohnungen an rings umbauten engen Höfen,
auf denen gewerbsmäßig Pelzwerk geklopft wurde, und für Hof=
wohnungen, vor deren Fenstern in unmittelbarer Nähe tagtäglich
eine größere Anzahl von Pferden eines Fuhrgeschäfts gestriegelt
wurden. Die Bewohner mußten die Fenster geschlossen halten, weil

reichlich Tierhaare mit der Luft eindrangen und überall, auch auf den Nahrungsmitteln, sich ablagerten.

Wir haben bisher eine größere Anzahl von Umständen kennen gelernt, welche einen gesundheitlich unbedenklichen Austausch der Wohnungsluft in Frage stellen, indem die von außen eingeführte Luft bereits verdorben oder verunreinigt sein kann. Andererseits ist es in unserem gemäßigten Klima während der kühlen und kalten Jahreszeiten nicht angängig, zur Erhaltung einer hinreichend guten Luft andauernd die Fenster geöffnet zu halten. Während dieser Zeit soll es genügen, daß durch kurzes Öffnen der Fenster und auf dem Wege der natürlichen Lüftung durch undichte Fenster und Türen eine gesundheitszuträgliche Beschaffenheit der Wohnungsluft erhalten wird. Um diesen Zustand zu erreichen, ist es Voraussetzung, daß die Beschaffenheit der Wohnung und die gemeinübliche Art ihrer Benützung nicht an sich schon verschlechternd auf die Innenluft ein= wirken in dem Umfange und Grade, daß die günstige Wirkung der natürlichen Lüftung dadurch zunichte gemacht wird. Dies ist z. B. der Fall, wenn wegen fehlerhafter Anlage der Aborte oder Wasserklosetts die Fäkelgerüche in die Wohnungen eindringen und die Luft in denselben dauernd stark danach riecht. In den höheren Stockwerken mit Wasserklosett tritt diese Erscheinung dann ein, wenn der Wasserdruck nicht hinreicht, um das Leitungswasser bis zu dieser Höhe aufsteigen zu lassen, so daß die Klosetts wenig oder gar nicht gespült werden und die Fäkalmassen im Sitzbecken liegen bleiben. Auch wenn die Klosetts in den zur Wohnung gehörigen Küchen ohne jede Umschottung freistehend oder in fensterlosen, mit der Wohnung in offener Verbindung stehenden dunklen Nebenräumen angebracht sind, ist eine Verunreinigung der Luft in ekelerregender Weise wahrzunehmen. Sind die Aborte mit den Kotgruben in das Innere von Häusern eingebaut und die Wände derselben nicht sicher gedichtet, so durchtränken die flüssigen Anteile der menschlichen Aus= scheidungen allmählich die Hausmauern und schicken die gasigen Umsetzungsprodukte in die Wohnräume hinein. Dasselbe trifft für Jauchegruben zu, welche in unmittelbarer Nähe der Hausmauern angelegt sind, und für solche Wohnungen, welche in früheren Vieh= ställen durch Um= oder Ausbau entstanden sind, ohne daß zuvor der durch flüssige oder feste Dungabgänge Jahrzehnte und länger verunreinigte Boden durch reines Material ersetzt und der Fußboden des Erdgeschosses gegen denselben abgedichtet wurde. Eine ähnliche Verpestung der Luft kann von verstopften Ausgüssen für Wirtschaftsabwässer ausgehen. Aus dieser Veranlassung hatte die Luft einer Wohnung einen so ekelhaft stinkenden Geruch, daß es den Insassen nicht möglich war, ohne Beeinträchtigung des Allgemeinbefindens darin zu verweilen.

Da, wo an den Wandflächen infolge Feuchtigkeit in oder an denselben Schimmelpilze sich in größerer Ausdehnung gedeihlich entwickeln oder das Holzwerk von Hausschwamm befallen ist, kommt es bei dem Absterben der Pilzwucherungen und durch die hierbei sich ergebenden Zersetzungserzeugnisse zu dauernder Verderbnis der Wohnungsluft, welche sich durch modrig-muffigen Geruch zu erkennen gibt. Dieselbe ist ferner mit Pilzsporen beladen. Diese Schimmelbildungen finden sich sehr häufig auch an den Mauern, welche an und für sich trocken sind, wenn der Tapetenüberzug frisch geklebt und die Wohnung zu bald danach bezogen ist, ehe die beim Tapezieren verwendete Wassermenge verdunstet ist. Die Sättigung der Binnenluft durch die Lebensvorgänge und den Wirtschaftsbetrieb der Bewohner mit Wasserdampf verhindert dann den Kleister der Tapeten, seinen Feuchtigkeitsanteil abzugeben. Die überall vorhandenen Pilzsporen finden hierbei einen hinreichend feuchten Nährboden, um zu gedeihen. Nicht gar selten wurden Hausschwammwucherungen beobachtet, welche bis zu Kohlkopfgröße herangewachsen und mehr weniger in fauligem Zerfall befindlich waren. Dieselben wuchsen aus den Holzdielen, aus den Holzverschalungen unten an den Wänden, sowie aus den Tür- und Fensterrahmen bis zum oberen Abschluß derselben hervor. Als Ursache für die Schimmelbildung ergab sich wiederholt der Umstand, daß der zum Kleben verwendete Kleister bereits verschimmelt war und so mit dem Ankleben der Tapeten die Aussaat der Schimmelpilze gleichzeitig mit über die Wandflächen erfolgte. Bei hinreichender Feuchtigkeit wuchsen die Pilzrasen durch die Tapeten hindurch an deren freie Oberfläche. Wurde eine derartige Tapete abgelöst, so zeigten sich die ältesten, dichtesten und ausgebreitetsten Vegetationen an der Rückfläche derselben. Immer aber hatte die Stubenluft den unangenehm modrig-muffigen Geruch der Fäulnis und Verwesung dieser Pilzmassen, welche gleichzeitig oft genug auch die den Wänden gegenüber befindlichen Rückflächen der Möbel, der Betten, Bekleidungsgegenstände usw. überzogen, desgleichen Nahrungsmittel.

Obwohl sich gegen die Verwendung giftiger Farben zur Herstellung von Wandanstrichen und Tapeten bereits die Ministerialerlasse vom 3. Januar und 18. August 1848 sowie 8. Mai 1858 gewendet hatten, auch die Kaiserliche Verordnung vom 1. Mai 1882 hiergegen Stellung genommen hatte und das Reichsgesetz vom 5. Juli 1887, betreffend Verwendung gesundheitsschädlicher Farben, dieselbe verbietet, werden Arsenfarben doch noch hier und da verwendet, indem die Tapezierer zur Vertilgung von Ungeziefer und zur besseren Konservierung des Kleisters diesem Schwabenpulver zusetzen, eine Mischung mit Schweinfurter Grün. Sind die hiermit tapezierten Wände feucht oder schlägt sich auf ihnen aus der Wohnungsluft Feuchtigkeit nieder, so kommen auf ihnen Schimmelpilze (Penicillium brevicaule, Mucor mucedo, Aspergillus glaucus und virescens) zur Entwickelung, welche, wie Gosio nachwies, aus Arsensäure eine flüchtige Arsenverbindung, Arsenwasserstoff, bilden. Diese Entbindung von Arsenwasserstoff erfolgt dann lange Zeit hindurch und nur in kleinen Mengen. Derartig behandelte Tapeten finden sich namentlich in alten, von Wanzen und sonstigem Ungeziefer heimgesuchten Häusern in mehrfachen Lagen übereinandergekleistert und geben zu gasiger, giftiger Verschlechterung der Wohnungsluft Veranlassung.

Eine weitere Quelle der letzteren ergibt sich unter Umständen aus dem Fehlboden, und zwar unter zwei Bedingungen. Zunächst kann das Material zu seiner Ausfüllung ein mit organischer und anorganischer zersetzungsfähiger Materie verunreinigter Boden sein, sodann die Dielung durch Undichtigkeiten dem Fehlboden die zur Zersetzung erforderliche Luft und Feuchtigkeit zuführen und den gasigen Umwandlungsprodukten Gelegenheit zum Austritt in die Wohnungsluft geben. Sehr häufig werden immer noch aus Billigkeitsrücksichten Bauschutt, die beim Fundamentieren ausgehobene, mehr weniger verunreinigte Erde oder gewerbliche Abgänge dazu benützt. Enthält die Füllmasse zersetzungsfähige organische Stoffe und ist den Scheuerwässern die Möglichkeit zum Versickern in den Fehlboden gegeben, so kann es unter diesen Umständen zu Zersetzungen mit übelriechenden oder sonst unangenehm sich bemerkbar machenden gasigen Produkten kommen, welche in die Stubenluft durch die Undichtigkeiten der Dielung eintreten. So wurde eine Wohnung beobachtet, in welcher die Dielen zahlreiche, nur unvollkommen oder gar nicht verkittete Nagellöcher aufwiesen und keinen dichten Wandanschluß hatten, ferner die dem Mauerwerk zugekehrten Hinterflächen der Türrahmen rinnenartige Hohlräume bildeten, welche von den undichten Dielenwandanschlüssen nach oben verliefen. Sowie man sich nur wenige Minuten in dieser Wohnung aufhielt, bekam man ein austrocknendes, zusammenschnürendes Gefühl im Halse und Kehlkopfe, die Sprache wurde mühsam. Auch nach ergiebiger Lüftung der Räume durch Öffnen der Fenster stellte sich einige Zeit nach dem Wiederschließen derselben dieses gleiche Gefühl bald wieder ein. Am stärksten machte sich dasselbe in der Nähe der geschilderten Türrahmen bemerkbar und konnte man den Unterschied in der Luftbeschaffenheit in der Nähe derselben und der Fenster deutlich herausfühlen. Die Luft rief ein trockenes, brenzliges Empfinden auf den Atmungsschleimhäuten hervor. Die Bewohner klagten über Beschwerden der Sprache und der Atmung, sowie über nervöse Erscheinungen. In mehreren anderen Fällen war sogenannter Gaskalk zur Füllung der Fehlboden verwendet worden. Es ist dies ein zur trockenen Reinigung des Leuchtgases dienendes Gemisch aus Kalkhydrat, welches Kohlensäure und Schwefelwasserstoff unter Bildung von kohlensaurem Kalk und Schwefelkalzium absorbiert. Durch Berührung mit der atmosphärischen Luft kommt es zur Bildung von Schwefelammonium, Schwefelwasserstoff, Cyanwasserstoff und Schwefelcyanwasserstoff. Ferner entwickeln sich durch den Schwefelwasserstoff, die im Gaskalk enthaltene Karbolsäure, Butter- und Baldriansäure sehr üble Gerüche und Dünste. Diese, besonders mit dem geruchlichen Charakter des Schwefelwasserstoffs, wurden durchweg in solchen Wohnungen mit Gaskalkfüllung der Fehlböden mehr weniger reichlich beobachtet und namentlich in Regenzeiten, in welchen die Poren des das Haus umgebenden Erdbodens durch Wasser verlegt und die kohlensäurehaltigen und deshalb chemisch auf den Gaskalk aktiver einwirkenden Bodengase gezwungen waren, durch das Hausinnere und die Fehlböden hindurch nach oben zu entweichen. Die Luft dieser Räume war geradezu unerträglich und das Befinden der Bewohner durch vielfache Beschwerden getrübt.

Durch den Lebensprozeß der Menschen, namentlich durch Lungen- und Hautatmung wird die Zusammensetzung der zur Atmung in geschlossenen Räumen benützten atmosphärischen Luft verändert, wie aus der nachstehenden Tabelle ersichtlich ist.

Es sind enthalten in Volumprozenten:

	in der trocknen atmosphärischen Luft	in der Ausatmungsluft (Mittelwert)
Sauerstoff	20,96	16,03
Stickstoff	79,02	79,02
Kohlensäure	0,03	4,38 (3,3—5,3)

Während also der Stickstoffgehalt der ausgeatmeten Luft unverändert bleibt, nimmt der Sauerstoff um ein Fünftel ab und die Kohlensäure um über das Hundertfache zu. Diese Verschlechterung der Luft durch den Atmungsprozeß in einem geschlossenen Raume wird um so erheblicher ausfallen, je kleiner derselbe ist, je länger der Mensch sich in ihm aufhält und je größer die Zahl der Wohnungs= insassen ist. Außerdem scheidet der Mensch in 24 Stunden noch annähernd ein Liter Wasser durch Haut und Lungen aus und die noch nicht näher gekannten Atemgifte (Anthropotoxine). Dazu kommen als weitere luftverderbende Umstände die Ausscheidung von Darm= gasen, die schnelle Zersetzlichkeit der sich ständig abstoßenden ober= flächlichen Hautschichten (Epithelien), die Verbrennungsprodukte der nicht elektrischen Beleuchtung und der Heizung (Kohlensäure, Ammoniak, Oxyde des Stickstoffs, Kohlenoxyd und Kohlenwasserstoffe, bisweilen auch schweflige Säure und Schwefelsäure) und schließlich die Über= hitzung der Luft durch Atmung und Wärmeausstrahlung von der Haut in kleinen, der genügenden Zufuhr frischer Luft entbehrenden Räumen. Sind diese niedrig — es wurden solche mit nur 1,80 bis 2,00 m Höhe gefunden —, so sammeln sich diese Ausdünstungen infolge ihrer höheren Temperatur unterhalb der Decke und wirken hier bei dem aufrecht stehenden und gehenden Menschen auf die Atmungsöffnungen ein. Liegen die Fenster tief, so daß zwischen ihrem oberen Abschluß und der Decke ein größerer Zwischenraum bleibt, so können auch beim Öffnen die oberen Luftschichten nur unvollkommen abziehen. Sind nur Teile von Fensterscheiben zu öffnen, so ist die Lüftung noch weniger ergiebig, und diese hört ganz auf, wenn, wie bisweilen in Erdgeschossen und sogen. Hängeetagen, die Fenster aus einer einzigen und feststehenden Glasfläche bestehen, welche ursprünglich als sogen. Schaufenster eingerichtet war.

Eine weitere Ursache für die Luftverschlechterung bewohnter Räume liegt nicht selten in der fehlerhaften Anlage der Küche.

Wenn dieselbe unmittelbar mit jenen durch eine Tür in Verbindung steht, welcher Zustand selbst in neuerbauten Häusern sich findet, und wenn man oft genug zum Betreten einer Wohnung von außen zunächst die Küche passieren muß, so kann es nicht auffallen, daß die Küchendünste (Kochdünste, Zersetzungsprodukte in der Küche lagernder Abfälle und dergleichen) in die Wohnräume eindringen und durch die vom Treppenhause eindringende Luft, besonders in der kalten Jahreszeit und beim Öffnen der Tür, hineingedrückt werden. Hier liegt ein Fehler in der baulichen Anlage vor, welcher immer und immer wieder begangen wird. Durch defekte Kachelöfen ist eine weitere Gelegenheit zur Luftverschlechterung durch Austritt von Rauchgasen gegeben. So fanden sich Öfen mit fehlenden, zerbrochenen und nicht schließenden Heiztüren, mit breiten offenen Fugen zwischen den Kacheln, mit Löchern in den Wandungen und in der Decke, welche in die Rauchzüge hineinführten. Hierher gehört auch die Benützung von kleinen eisernen Öfen, sogen. Kanonenöfen, zu Kochzwecken, welche sowohl die Produkte unvollkommener Verbrennung neben den Kochdünsten in die Räume eindringen lassen, als auch durch die Versengung des Staubes an ihren glühenden Außenflächen zur Luftverschlechterung beitragen. Den gleichen Erfolg hat das Rück- oder Umschlagen der Rauchgase und der Eintritt derselben in die Wohnungsluft selbst solcher Räume, in denen nicht geheizt wird. Diese Erscheinung wurde wiederholt dort beobachtet, wo die Öfen mehrerer Stockwerke übereinander an dasselbe Rauchabzugsrohr angeschlossen oder wo die Schornsteine durch Aufsatz glasierter Tonröhren mehr oder weniger erhöht worden waren. Mit einer derartigen Erhöhung ist gleichzeitig eine Verkleinerung des Querschnittes des Schornsteins verbunden und damit eine Verlangsamung des Auftriebs der Rauchgase geschaffen. Bei kalter Witterung kühlen die Wandungen solcher Schornsteinaufsätze zu leicht aus und veranlassen eine entsprechende Abkühlung der Rauchgase in den obersten Schornsteinabschnitten, wodurch einerseits der Auftrieb geschwächt und andererseits eine rückläufige Bewegung der abgekühlten Rauchgase an den Wandungen der Schornsteinrohre eingeleitet wird. Ebenso können Regen, Sonnenschein und rasche Temperatursteigerungen wirken. Bei Schornsteinen, welche niedriger als die umgebenden Gebäude liegen, drückt der von den benachbarten Mauerflächen abgelenkte Wind bei günstiger Richtung schräg von oben auf die Schornsteinöffnung und wirkt pressend dem Austritt der Rauchgase entgegen. In Städten, wo neben alten stehen gebliebenen neue höhere Gebäude aufgeführt werden und die Schornsteine jener mit ihren Mauerflächen überragen, hat man genügend Gelegenheit, diese Erscheinung zu beobachten und Klagen der Bewohner der alten Häuser über Raucheintritt in die Wohnräume zu vernehmen.

Der Zustand einer Wohnung soll so beschaffen sein, daß in derselben, namentlich im Winter, ein für die Bewohner zuträgliches Klima ermöglicht wird Diese Forderung setzt voraus, daß die Wirkung der Heizkörper nicht durch zu reichlich und zu gewaltsam eindringende Außenluft aufgehoben und dadurch eine so niedrige Temperatur erzeugt wird, daß die Insassen frieren. Ein solcher Befund wurde erhoben, wenn die Türen und Fenster so undicht waren, daß fingerbreite Spalten zwischen denselben und den Rahmen bestanden, oder überhaupt nicht fest zu schließen waren, ferner wenn die Außenmauern von so breiten Rissen durchsetzt waren, daß man hindurchsehen oder selbst die Hand hindurchstecken konnte, desgleichen wenn die Decken des obersten Geschosses keinen durchweg dichten Wandanschluß (z. B. bei Senkungen der Gebäude) hatten und die kalte Bodenluft direkt von oben durch diese Spalten in die Wohnräume hinein fiel. Wenn in Erdgeschoßwohnungen die Dielung zugleich die Kellerdecke, also ohne Zwischenboden bildet, so kühlt in der kalten Jahreszeit der Fußboden so stark ab, daß auch die Temperatur der Innenräume leidet, und dies noch mehr, wenn der Fußboden Undichtigkeiten in den Fugen hat, durch welche die kalte Kellerluft unmittelbar eintreten kann. Das letztere wird sich besonders bei Luftdruckschwankungen und Regenwetter bemerklich machen. Treten hierbei noch Windpressungen in Tätigkeit, so wird nicht nur kalte, sondern gleichzeitig auch bewegte, als Zug oder Strömung sich geltend machende Luft eintreten. Bei parallel den Mauerflächen streichenden Winden findet durch undichte Fenster- und Mauerrisse eine zu starke Absaugung der Innenluft und damit im Winter eine zu rasche Entführung der warmen Zimmerluft mit dem Effekt der Abkühlung der Räume statt. So klagten die Insassen einer im obersten Geschoß gelegenen Wohnung, deren Außenwand einen breiten, durchgehenden, vom Fensterbrett bis zur Diele hinabreichenden Spalt zeigte und deren Decke nicht dicht an die Wand anschloß, über unangenehmen kalten Zug, welcher sich besonders nachts beim Liegen im Bett bemerkbar machte und die im Schlafe freiliegenden Teile (Kopf, Brust, Arme) traf. Auch wenn die Außenwände eines allseitig freistehenden Hauses zu dünn sind, ist es nicht möglich, die Binnenluft genügend zu erwärmen. In einem solchen Falle mußten die Kinder während der Winterzeit viel im Bett gehalten werden, um nicht durch die Kälte zu leiden. Noch mehr macht sich ein solcher Übelstand bemerkbar, wenn die eindringende Luft nicht nur kalt, sondern gleichzeitig auch feucht ist.

Schließlich kann die Luft bewohnter Räume bei **baulich mangelhafter Beschaffenheit** derselben auch durch körperliche Beimengungen verunreinigt werden. Wo die Räume verwahrlost und nicht ausgebessert sind, die Tapeten in Fetzen herunterhängen, der Wandverputz durchlöchert und abgefallen ist, die Wände Risse haben und dergleichen mehr, ist eine Sauberhaltung der Wohnung nicht möglich. Es kommt zum Absetzen von Schmutz, zerfallendem Baumaterial und Bildung von Schimmel, wodurch bei dem Leben in der Wohnung und den damit verbundenen Luftbewegungen Staub, beladen mit niederen Mikroorganismen, der Innenluft beigemengt wird. Mehrfach rieselte aus undichten Fehlböden das pulverförmige Füllmaterial derselben in die darunter gelegenen Wohnräume hinab, bei Erschütterungen des Gebäudes durch den Straßenverkehr oder bei dem Gehen der Bewohner, Zuschlagen von Türen usw. Wegen undichten Abschlages der Holzwände eines in einem Stallgebäude neben einem Taubenschlag gelegenen Bedientengelasses wirbelten bei den lebhaften Bewegungen der Tiere abgefallene Federn, Staub, pulverförmig zerfallene Exkremente in den Schlafraum hinein.

Zur gesundheitlich zuträglichen Beschaffenheit von Räumen für den Aufenthalt von Menschen ist das Vorhandensein von **Heizvorrichtungen** notwendig, um in unserem Klima während der kalten Jahreszeit die Innenluft so zu erwärmen, daß ein Aufenthalt ohne gesundheitliche Schädigung möglich ist. Nun kommt es vor, daß solche Einrichtungen ganz fehlen, besonders in den Kammern und Kabinetts der kleinen Wohnungen, in den Schlafräumen für die Dienstboten, aber auch in Stuben alter Häuser, welche erst später aus Fluren, Treppenhäusern oder Bodenräumen zu Wohnzwecken umgebaut sind. Andererseits wurden in einer kleinen freistehenden Villa kleine Cadé-Öfen gefunden, welche nur kleine Heiz=

und Wärmeabgabeflächen hatten, so daß die Zimmertemperatur in mäßig kalten Wintern nicht über 7—8° C. hinauskam. Dienen eiserne Öfen, namentlich sogen. Kanonenöfen, als Wärmeerzeugungsquelle, so kommt neben der schon vorher erwähnten Luftverunreinigung die rasche Abkühlung und dadurch bedingte ungenügende Erwärmung der Räume in Betracht. Fehlende oder mangelhafte Beheizungsanlagen werden dort besonders sich nachteilig fühlbar machen, wo gleichzeitig bauliche Mängel einen genügenden Abschluß der Wohnräume gegen die Außenluft nicht gestatten und den Zutritt atmosphärischer Niederschläge (Schnee, Regen) nicht abhalten.

Eine wesentliche Bedingung für ein gesundheitliches Wohnen ist die Trockenheit der Umfassungen der Räume, eine Bedingung, welche jedoch oft genug nicht erfüllt ist. In neuerbauten Häusern findet sich eine große Menge Feuchtigkeit, welche zu ihrer Verdunstung je nach Jahreszeit, Witterung und Baumaterial verschieden langer Zeit bedarf. Pettenkofer schätzte annähernd die zum Bau eines dreigeschossigen Gebäudes verbrauchte Wassermenge auf 83500 Liter. Läßt man dem Mauerwerk nicht Zeit, das aufgenommene Bauwasser los zu werden, sondern werden die Wohnungen im Neubau bereits vorher bezogen, so treten sehr bald die offensichtlichen Zeichen der Feuchtigkeit auf. Das Bauwasser sinkt allmählich von oben nach unten in den Wänden herunter. Die Mauern der oberen Geschosse geben wegen der geringeren Stärke ihr Wasser leichter und schneller durch Verdunstung ab, als die dickeren Mauern der untersten Stockwerke. Daher findet sich die Feuchtigkeit in Neubauten vornehmlich in den Wohnungen der unteren Geschosse. Bei den Besichtigungen sieht man solche Wandflächen durch dunklere Verfärbung von der Umgebung sich abheben, die Tapeten in Ablösung und gerunzelt, die Kalk- oder Leimfarbe des Wandanstrichs bucklig abgehoben oder pulverig zerfallen und bei reichlicher Gegenwart von Wasser dasselbe in Tropfen an den Wänden stehen oder in Streifen an den letzteren herabfließen. Das Gefühl läßt die Feuchtigkeit oder Nässe unmittelbar erkennen und die kühle bis kalte Temperatur dieser Wände wahrnehmen. An solchen Stellen ausgebohrter Mörtel sieht nicht hell grauweiß aus und läßt sich nicht pulverförmig staubig zwischen den Fingern zerreiben, sondern hat eine dunklere graugelbe oder graue Farbe und beim Zerreiben fallen seine Körner nicht trocken pulverig auseinander, sondern haften mehr weniger je nach dem Feuchtigkeitsgehalt aneinander an. Derartige Wände sind immer kalt. Durch den Lebensprozeß der Bewohner werden erhebliche Wassermengen (ca. 1 Liter pro Kopf und 24 Stunden) ausgeschieden, desgleichen durch den Wirtschaftsbetrieb in die Wohnungsluft hineingebracht. Diese hat aus der Abdunstung von den Wänden bereits eine mehr und mehr steigende Beladung mit Wasserdämpfen erfahren und wird durch die Anreicherung mit den Ausscheidungen der Bewohner dem Sättigungsmaximum näher gebracht. Kommt diese mit Wasserdämpfen annähernd oder ganz gesättigte Luft an die kalten Wände heran, so wird sie abgekühlt, damit in der Wasseraufnahmefähigkeit beschränkt und läßt nun das Zuviel an den Wänden sich niederschlagen. So kommt zu der noch in den Wänden vorhandenen Baufeuchtigkeit dieses Niederschlagswasser aus der Luft zu früh bezogener Räume hinzu. Da Mauern, deren Poren durch Wasser verlegt sind, gute Wärmeleiter darstellen und daher während der Dauer eines solchen Zustandes kalt bleiben, wird dieser fehlerhafte Kreislauf von Verdunstung und Niederschlag von Wasser in der Luft und an den Wänden zu frühzeitig bezogener Räume fortbestehen und nicht eher unterbrochen werden, ehe nicht die völlige Austrocknung erreicht ist. Eine weitere Quelle von Feuchtigkeit ist das Vorhandensein von Mauerfraß oder Mauersalpeter, d. h. das Ausschlagen der Wände durch kohlensaures Natron, salzsauren oder salpetersauren Kalk, welche leicht Wasser aus der Luft aufnehmen, dem Mauerwerk zuleiten und dieses anfeuchten. Dieser Befund ist in neuen und alten Häusern da zu machen, wo verunreinigtes (Urin der Bauhandwerker), Salze und Säuren enthaltendes Wasser zur Herstellung des Mörtels verwendet worden war. Auch das Baumaterial ist von Einfluß auf die Mauerfeuchtigkeit, je nach seiner Porosität und Leitungsfähigkeit für Wärme.

Sehr häufig wurden in Keller- und Erdgeschoßwohnungen die Wände feucht bis naß gefunden in solchen Häusern, welche gegen die aufsteigende oder von den Seiten andringende Bodenfeuchtigkeit nicht isoliert waren. Bei hochstehendem Grundwasser fand sich dieses bis dicht an die Fußböden nicht unterkellerter Erdgeschoßräume heranreichend und überflutete dieselben bei weiterem Steigen, so daß ein Verbleiben der Bewohner in denselben ausgeschlossen war. In solchen Fällen waren verschiedentlich in den Wohnstuben deckelartige welche gesundheitl. Voraussetzungen nicht entsprechen 33

Vierecke aus der Holzdielung herausgeschnitten, welche eine Art Grundwasserzysterne verschlossen, in denen sich das Bodenwasser sammeln und aus denen es herausgeschöpft werden sollte. Oder es fanden sich kleine, von der Wohnung aus zugängliche Kelleranlagen mit einem Wasserstand von wenigen Zentimetern bis über einen Meter. In diesen wassergefüllten Kellern schwammen hineingeworfene Papierreste, Wirtschaftsabgänge und dergleichen, welche zu fauligen Zersetzungen Veranlassung gaben, so daß eine solche Wohnung nicht nur feuchte oder nasse Wände und Fußböden hatte, sondern auch die Luft durch die gasigen Ausdünstungen verdorben wurde. Mehrfach fanden sich Holz=, aber auch Zementfußböden in Kellerwohnungen, welche naß und wie frisch gescheuert aussahen infolge Durchtränkung mit dem sie erreichenden und durchdringenden Grundwasser. In Fällen, wo neben Kellerwohnungen und unmittelbar an die Mauern derselben angrenzende Abort= oder Jauchegruben mit undichten Wandungen lagen, wurde mehrfach das Durchtreten von Abort= oder Jaucheflüssigkeit in die Wohnräume beobachtet, während gleich= zeitig die Luft derselben stank.

Das Bauhandwerk ist von dem Schutz der freistehenden Außenwände der Häuser vielfach abgekommen und vertritt die Ansicht, daß ein Mörtel= oder Zementverputz für die Abhaltung von Nässe belanglos ist. In Gebirgsgegenden hat man andere Erfahrungen gemacht und bekleidet wie seit alters her so auch heute noch die Außenwände oder wenigstens die nach der Wetterseite gelegenen Wände mit einer schützenden, aus Holz, gebrannten oder natürlichen (Schiefer) Steinen bestehenden Hülle. Die Richtigkeit dieser Er= fahrungen und der irrige Standpunkt der Bauhandwerker zeigte sich mehrfach bei den vorgenommenen Besichtigungen. Bei den frei= stehenden und nicht verputzten Außenflächen fanden sich selbst an älteren Gebäuden die untersten Mauerteile über dem Erdboden naß durch Anspritzen der Niederschlagswässer, besonders dann, wenn, wie gar häufig, die Mörtelfüllung zwischen den Steinen eine unvollständige war und die Fugen nicht ganz ausfüllte. An freistehenden un= geschützten Giebeln durchfeuchtete der Schlagregen die Wände und ließ das Wasser bis zum Innenwandverputz der Wohnungen durch= dringen. Solche Feuchtigkeit stellte sich in bisher trockenen Wohnungen ein, nachdem der ursprüngliche Giebelverputz verwittert, durchlöchert oder abgefallen und aus Nachlässigkeit oder Unerfahrenheit nicht wieder erneuert war. In einem solchen Falle, in welchem allmählich die feuchten Wohnungswände sich mit einem ausgebreiteten und starken Schimmelrasen überzogen hatten, erklärten verschiedene Bausachverständige, daß die Ursache dieses Zustandes nicht in dem verloren gegangenen Mauerabputz, sondern in ungeeigneter Benützung der Wohnung durch die Mieter läge, weil zur Zeit der Untersuchung infolge eingetretener trockener Witterung der Mörtel unter den stark beschimmelten Tapeten bereits wieder trocken war, obwohl diese selbst noch eine geringe Feuchtigkeit wahrnehmen ließen. In einem anderen Falle waren in die Außenmauer einer Erdgeschoßwohnung von außen her in Höhe der Decke große Löcher zur vorübergehenden Befestigung von eisernen Haken geschlagen und später nicht wieder ausgebessert worden. Die Schutzhülle des sonst an dieser Mauer vorhandenen Verputzes war hier durchlöchert und gab den Schlagwässern aus der Atmosphäre dauernd Gelegenheit zum Eindringen. Das war auch geschehen und als Folge davon fand sich die betroffene Fensterwand ebenso wie die nächsten Teile der anstoßenden Innenwände durchfeuchtet, desgleichen die Decke bis weit in die Stube hinein. An dieser war das Schilfrohr unter dem Deckenverputz ein guter Feuchtigkeitsleiter gewesen. In gleicher Weise gaben schadhaft gewordene und so belassene Regenwasserrohre zur Durchfeuchtung ungeschützter Wände von den obersten bis zu den Erdgeschoßwohnungen hinunter Veranlassung, wenn die Regen- und Schmelzwässer von der Dachrinne an oder tiefer abwärts sich über die Mauerflächen ausbreiteten und diese durchnäßten. Hinsichtlich des ungenügenden Schutzes einer einfachen Mauerabputzung hatten die Bauhandwerker dort recht, wo die Gebäude unmittelbar in Bergabhänge hineingebaut und von dem umgebenden Erdreich nicht durch Luftgräben getrennt waren. Die in den Erdboden der geneigten Berglehnen eindringenden und an die Mauern heranstreichenden Niederschlagswässer durchfeuchteten den Mörtel, zersetzten und zerbröckelten ihn, machten ihn dadurch leicht durchlässig und schafften sich so selbst günstige Pforten zum weiteren Eindringen ins Mauerwerk. So wurden in den im Erd- und ersten Geschoß liegenden Räumen, deren Rückwände unter dem Boden der Berglehne oder mit diesem in gleicher Höhe sich befanden, die Wände feucht bis naß und schimmelbedeckt gefunden, ja freies Wasser an ihnen herablaufend angetroffen.

welche gesundheitl. Voraussetzungen nicht entsprechen.

Für die Trockenheit der Dachwohnungen ist die Unversehrtheit des Daches und ein dichter Anschluß desselben an die Umfassungsmauern, resp. ein Hinausführen des Daches über dieselben von Wichtigkeit. Sind Dächer undicht, so lassen sie eben die Niederschlagswässer durchtreten, ebenso wie Dachfenster, welche nicht in sauber gearbeitete und genau passende Rahmen eingreifen. Besonders horizontale, mit Teerpappe belegte Dächer zeigten mehrfach die größten Übelstände, indem die Niederschlagswässer hier nur ungenügend abflossen, sondern langsam verdunsteten und so längere Zeit Gelegenheit hatten, durch Undichtigkeiten des Daches in die Wohnungen einzudringen und durch die Decken der Wohnräume hindurchzusickern und hindurchzutropfen. Innerhalb der Kammer einer unter schrägem Dach gelegenen Wohnung fand sich an der Innenfläche der Außenwand unter der tiefsten Stelle des abfallenden Daches eine Regenrinne mit angehängtem, für ein untergestelltes Gefäß bestimmtem Abflußrohr, welches die durch das undichte Dach durchdringenden Niederschlags- und Schmelzwässer ableiten sollte.

Eine weitere Quelle für Durchfeuchtungen der Wohnräume sind leck gewordene Leitungen der Wasserversorgungs-, sowie der Abwässerungsanlagen. Werden solche Leitungen teilweise frei aus dem Mauerwerk herausragend angelegt, so sind sie zufälligen Beschädigungen und dem Undichtwerden leichter ausgesetzt. Gar nicht selten wurde hier freitropfendes, Wände und Dielung benässendes Wasser angetroffen. Aber auch ohne Undichtigkeit gaben die freiliegenden Rohre der Frischwasserleitung zur Befeuchtung der Räume Veranlassung, indem an ihren kalten Außenflächen die warme wasserreiche Luft jener sich abkühlte und das Zuviel an Feuchtigkeit als Kondenswasser sich abscheiden ließ.

Verschiedentlich fand sich als Ursache von Deckenfeuchtigkeit der Umstand, daß die Dielen der darüber gelegenen Wohnung nicht dicht waren, sondern breite Fugen oder morsch gewordene Stellen hatten, durch welche das Scheuerwasser in den Fehlboden eindrang, von hier aus die Decken durchtränkte und in die darunter befindlichen Räume hineintropfte.

Bei den gerichtlichen Verhandlungen und örtlichen Wohnungsbesichtigungen hört man von den Bausachverständigen und Hauseigentümern wohl den Einwand, daß vorhandene Feuchtigkeit einer Wohnung auf fehlerhafte Benützung derselben durch die Infassen derselben zurückzuführen sei. Wenn dieser Einwand auch für gewisse Fälle zutrifft, so ist diese Erklärung für andere nicht die richtige. Gewiß wird durch den Atmungs= und Lebensprozeß, sowie durch den häuslichen Betrieb der Bewohner, durch Waschen der Wäsche in den Küchen und Stuben, durch Aufhängen und Trocknen feuchter Wäsche in denselben eine Menge Wasserdampf in die Wohnräume gebracht, welche die Wände derselben feucht machen kann. Die Schuld daran liegt aber nicht immer an den Mietern, sondern nicht selten an den Hauseigentümern und Baumeistern, welche es unterlassen haben, eine eigene Waschküche und einen besonderen Trockenboden anzulegen, und so die Mieter vorwiegend kleinerer Wohnungen zur mißbräuchlichen Benutzung derselben zwingen. Ein weiterer Übelstand ist der, daß das heutige Bauhandwerk in völlig unzulänglicher Weise die Einrichtungen für die Abführung der in den Küchen erzeugten Wasserdämpfe, des sogen. „Wrasens" trifft. Gewöhnlich befindet sich in 1—2 m Höhe über dem Kochherd eine vielleicht 0,20 : 0,30 m große, viereckige, durch eine Klappe verschließbare Öffnung in der Wand, durch welche die Dünste und Dämpfe abziehen sollen. Das geschieht aber häufig nicht, wie sich zur Genüge erweisen ließ, weil die nötige Ansaugung, „der Zug" fehlt. Hielt man ein brennendes Streichholz in diese Öffnung, so erfuhr die Flamme oft genug nur eine geringe oder gar keine Ablenkung nach dem Ableitungsschacht. Der Grund mag unter anderen auch der sein, daß diese Schächte in Außenmauern und fern von den Rauchrohren liegen, daher kalt sind und die in sie eintretenden Dämpfe sich rasch abkühlen, verdichten und als flüssiges Wasser niederschlagen. Ein ansaugender Zug ist dadurch ausgeschlossen und die Küchendämpfe verbleiben in derselben und schlagen sich an den Wänden nieder. Um sie los zu werden, öffnen die Bewohner das Küchenfenster und lassen die Außenluft eindringen, welche in der kalten Jahreszeit die Innenluft abkühlt und die Dämpfe derselben rasch und reichlich kondensiert und überall sich absetzen läßt. So fand sich in einer niedrigen Küche die Decke derselben und des von der übrigen Wohnung zuführenden Ganges äußerst reichlich mit Wassertropfen bedeckt, welche herabfielen und den Fußboden naß machten, so daß dieser aussah, als wenn ein großtropfiger Regen ihn getroffen hätte. Steht die Küche, wie früher schon berührt, infolge falscher baulicher Anlage mit der Wohnung unmittelbar durch eine welche gesundheitl. Voraussetzungen nicht entsprechen. 37

Tür in Verbindung, so bringen die Kochdämpfe natürlich ebenso leicht in jene ein und machen sie feucht.

Ein weiterer Grund für das Feuchtwerden von Wohnungen durch die einfachen Lebens= und Wirtschaftsvorgänge in denselben liegt in **falscher baulicher Herstellung der Häuser und ebensolcher Verteilung der Räume**. In einem rauhen Klima müssen die nach der Wetterseite hin gelegenen Umfassungsmauern besonders stark, durch Abputz geschützt und, wenn angängig, mit Zwischenhohlraum angelegt werden. Eine solche Anlage findet man heute nur noch vereinzelt, wohl aber oft genug zu dünne Wände. Wenn auch in manchen Fällen die gangbare Wandstärke eine ge= nügende ist, so kann sie doch nicht eine für alle Gegenden unseres Vaterlandes gleichbleibende sein, sondern muß sich nach den wechselnden, teilweise sehr verschiedenen klimatischen Verhältnissen richten. Ist dies nicht der Fall, so wird die Folge ein Feuchtwerden der Wohnung sein, auch bei gemeinüblicher Benützung derselben und besonders im Winter. Wenn hier die in bescheidenen Verhältnissen lebenden Bewohner die Fenster zwecks Erhaltung der Wärme meist geschlossen halten und nur vorübergehend am Tage lüften, so werden die in der warmen Stubenluft sich anhäufenden Wasserdampfmengen beim Herangelangen an zu dünne und daher kalte Wände sich abkühlen und als Feuchtigkeit an denselben niederschlagen. Aus diesem Grunde kamen Wohnungen zur Begutachtung, welche ein Bewohnen nur während der warmen Jahreszeit vertrugen oder überhaupt nicht. Die in den sämtlichen drei Stockwerken eines Hauses nach der Wetter= seite hin gelegenen Wohnungen bekamen jedesmal einige Wochen nach begonnener Benützung feuchte Außenwände. Sobald sie wieder geräumt waren, wurden dieselben bereits nach wenigen (4—8) Tagen trocken. Wurden sie dann wieder bezogen, wiederholte sich dieselbe Erscheinung. Noch intensiver tritt dieselbe dort ein, wo neben der Wohnstube noch unheizbare Kammern oder Kabinetts angelegt und diese nicht nach der Mitte des Hauses, sondern an die kalten Außen= mauern verlegt sind. Solche unhygienische Verteilung der Wohn= räume fand sich auch in Neubauten. Hier genügte der einfache Atmungsprozeß der in solchen Kammern schlafenden, wegen ihrer fehlerhaften Anlage relativ zu zahlreichen Personen, um die Außen= wände feucht werden zu lassen, noch mehr dann, wenn diese Kammern durch eine nicht verschließbare Türöffnung mit der übrigen Wohnung verbunden und dadurch auch den Tagesausdünstungen zugänglich waren, ohne dadurch sich selbst genügend an den Außenwänden zu erwärmen. Je feuchter aber eine Wand wird, je mehr sich die Poren des Mauerwerks verstopfen, um so mehr wird sie zum guten Wärmeleiter, dadurch um so kälter und zur Kondensierung von Wasserdampf geeigneter. In Kellerwohnungen wurde, wie durch die Erfahrung bereits feststeht, besonders im Frühjahr das Feuchtwerden beobachtet, wenn die von außen in die kühlen Räume eindringende wärmere und deshalb wasserreichere Luft ihren Wasserdampf teilweise ausfallen ließ und an die Wände abgab. Außerdem aber wurde wiederholt in Kellerwohnungen Feuchtigkeit dort angetroffen, wo die Außenwände unmittelbar von dem umgebenden Erdreich berührt wurden und nicht durch Luftgräben von demselben geschieden waren, wie dies bereits Pettenkofer im hygienischen Institut in München beobachtete.

Neben diesen nachteiligen Eigenschaften der Kellerwohnungen, häufig feucht und kalt zu sein, leiden dieselben vielfach an dem Mangel genügender Tagesbelichtung. In den engen Straßen alter Stadtteile ist es in den meisten Kellerwohnungen unmöglich, ein Stück freien Himmels zu sehen. Wiederholt fand sich als einzige oder wesentliche Lichtquelle das Fenster der von Straße oder Hof in den Keller hinabführenden Glastür, besserenfalls auch noch daneben ein viertel oder halbes Fenster, welches aber während der kalten Jahreszeit meist noch verhängt wird zur Zurückhaltung der künstlich hergestellten Wärme. Verschiedentlich fand sich als einzige dürftige Lichtquelle eine Fensterscheibe oder ein etwas größeres Fenster, welches in die vom Hofe gebildete Decke der hinteren Räume des Kellers eingelassen war. Manche Räume hatten überhaupt keine eigene Lichtöffnung, sondern wurden spärlich von dem Hauptwohnungsraum mit erhellt. In den Wohnungen der unteren Geschosse lagen die Fenster mehrfach gegenüber von hohen, nahegelegenen Frontwänden benachbarter Gebäude, welche nur reflektiertes Licht eindringen ließen. Solche Wohnungen machen einen düsteren, melancholischen Eindruck und sind zugleich kühl oder kalt, da mit dem mangelnden Zutritt des direkten Sonnenlichts auch die Wärmestrahlen desselben fehlen. Wo aber Helligkeit vermißt wird, da ist auch Sauberkeit und Ordnung nicht vorhanden, wohl aber Schmutz, Staub, Schimmelbildung und Ungeziefer. Besonders Küchen fanden sich in alten Wohnhäusern völlig dunkel, ebenso die Klosetts und die Schlafräume der Dienstboten. Auch finstere Kabinetts und Kammern sind nichts seltenes sowohl in alten wie auch in neuen Gebäuden.

Eine weitere Ursache gesundheitlicher Schädigungen bildete der **Mangel an genügender Ruhe** in den Wohnungen, selbst dort, wo die Insassen ein möglichst geräuschloses Leben führen. Vielfach liefen Beschwerden ein, daß durch Fabrikanlagen wie durch kleingewerbliche Betriebe so erhebliche und störende Geräusche erzeugt würden, daß dadurch ein gesunder, die Tagesarbeit zulassender Aufenthalt in den Wohnungen unmöglich sei. Die maschinellen Einrichtungen der Fabriken verursachen nicht selten intensive Geräusche, welche nicht nur durch die Luft sich fortpflanzen und das Gehörorgan allein treffen, sondern zu Erschütterungen der Gebäudeteile, besonders der Trennungsmauern und der Fußböden führen. Diese werden als Vibrationen von den Nachbarn gefühlt, der Einwirkung eines elektrischen Induktionsapparates ähnlich empfunden und geben zu sichtbaren Stoß- und Pendelbewegungen freihängender, sowie zu Erschütterungen, Gegeneinandergeraten und Klirren stehender Gegenstände Veranlassung. Stampfende, stoßende, aushebende, klappende und klappernde, rollende, hämmernde, schlagende, klopfende, polternde, regelmäßig und unregelmäßig rasch sich verstärkende Geräusche gehören hierher. Außerdem sind es pfeifende, singende, quietschende, zischende, schneidende, gellende, überhaupt scharfe hohe Geräusche, welche das Gewerbe erzeugt und den Nachbarn zuführt. Derartige Geräusche wirken auf die davon Betroffenen unleidlich ein. Besonders elektrisch betriebene Anlagen des Kleingewerbes (Tischlereien, Wurstfabriken, Schlossereien und dergleichen) machen sich in dieser Hinsicht bemerkbar und vornehmlich dort, wo dieselben an die Trennungs- (Brand-) Mauern der Gebäude angebracht sind. Dringt das Gewerbe in die Hofräume der von hohen Gebäuden umgebenen Straßenvierecke ein, so schallt das etwa erzeugte Geräusch nicht nur in die Höfe hinaus, sondern wird von den Umgrenzungsmauern derselben verstärkt zurückgegeben.

Befinden sich die Wohnungen in **baulich mangelhaftem Zustande**, so ist dadurch gleichfalls eine Gefahr für die Bewohner gegeben. Drohen die Decken durchzubrechen wegen Fäulnis und Nachgebens des Holzwerkes, sind die Wände ausgebogen oder in ihrem Zusammenhange gelockert, brechen die Dielen ein, weil sie morsch, vom Hausschwamm zerfressen oder verfault sind, ist der Ofen dem Einsturz nahe, ist das ganze Haus aus dem Lot gerückt, die zur Wohnung führende Treppe ausgetreten, schief, vermorscht und das Treppenhaus völlig finster, so sind genug Veranlassungen zur Gesundheitsgefährdung gegeben.

Liegt die Küche frei in einem Durchgangsflur, sind in derselben nahe am Herd oder freistehend die Klosetts angelegt, müssen diese gemeinsam von den Bewohnern mehrerer Wohnungen benützt werden, laufen die Abfallrohre der oberen Geschosse frei an den Wänden der Wohnung und Küche, hier oft dicht über oder neben dem Kochherd herab, so droht eine neue Gesundheitsgefahr, besonders dann, wenn die Rohrstränge undicht werden, was zu jeder Zeit möglich ist. Sehr häufig fanden sich in alten Gebäuden die Klosetts ohne jede Schutzumwährung unmittelbar neben dem Kochherd, hier und da auch Wasserklosetts immer noch mit direkter Wasserspülung.

Ferner sind noch verwahrloste Wohnungen zu erwähnen, in denen die Tapeten in Fetzen abgelöst herunterhängen oder der Wandverputz vielfach abgefallen ist, die Wände und Decken von Schmutz und Staub starren, weil sie sich nicht reinigen lassen, und Ungeziefer (Wanzen, sogen. Spanier, Kellerasseln, Kellerschnecken und dergleichen) die Räume zahlreich belebt. Auch Ratten wühlen ihre Gänge bis an die Fußböden heran, zernagen diese und dringen als lästige Mitbewohner in die Räume des Keller- und Erdgeschosses ein.

Schließlich soll nicht unerwähnt bleiben, daß auch Wohnungen, in denen Personen mit ansteckenden Krankheiten sich aufgehalten haben, sofern sie nicht vor der weiteren Benützung desinfiziert sind, eine Gefahr für die nachher einziehenden Bewohner bedeuten.

Diese beschriebenen Zustände, welche von den gesundheitlich an eine Wohnung zu stellenden Anforderungen abweichen, können teils dauernde, teils vorübergehende sein. Die ersteren werden dort anzunehmen sein, wo die bauliche Anlage eines Gebäudes den Grund zu dem gesundheitswidrigem Zustande gibt, z. B. wenn die Mauern in die Grundwasserzone hinabreichen, eine Isolierung und Dichtung der Sohle des Hauses gegen aufsteigendes Grundwasser und Bodenluft nicht stattgefunden hat, der Zutritt von Licht überhaupt und von Sonnenlicht im besondern zu Wohn- und Nebenräumen durch Nachbarbauten beschränkt oder mangels Fenster unmöglich ist, ferner bei zu geringer Zimmerhöhe, bei unzweckmäßiger Lage der welche gesundheitl. Voraussetzungen nicht entsprechen.

Küche zu den Wohnräumen, bei zu dünnen Umfassungsmauern usw. Dagegen werden wir von vorübergehenden Wohnungsmißständen sprechen, wo dieselben durch Mängel in der inneren Einrichtung des Hauses hervorgerufen sind (hinsichtlich Wasserleitungs-, Entwässerungs-, ungeeigneter Klosettanlagen, fehlerhafter Heizanlagen, Undichtigkeiten der Wände, Fenster und Türen, unerträglicher Geräuscheinwirkungen, Verderbnis der Luft, Vegetationen niederer pflanzlicher Organismen, Ungeziefer, baufälliger Beschaffenheit usw.).

Die Schilderung derjenigen Veränderungen, welche eine Wohnung hinsichtlich der materiellen, chemischen, physikalischen und biologischen Beschaffenheit erfahren und dadurch gesundheitsnachteilig werden kann, wollen wir hiermit abschließen, da die gewöhnlichsten und häufigsten Abweichungen im großen und ganzen erwähnt sind, und gehen nun dazu über, die Folgen zu besprechen, welche aus denselben für die Gesundheit der Bewohner sich ergeben können.

IV.
Einfluß der den gesundheitlichen Anforderungen nicht entsprechenden Wohnungen auf die Gesundheit der Bewohner.

Aus Laienkreisen hört man sehr oft von gesunden und ungesunden Wohnungen sprechen, und auch die Ärzte schuldigen die letzteren in vielen Fällen als krankmachende Ursache an. Mit der Begründung dieser Annahme hat es jedoch häufig seine Schwierigkeiten, welche in der Unmöglichkeit oder Zweifelhaftigkeit des exakten Nachweises zwischen Ursache und Wirkung liegen. In der überwiegenden Mehrzahl der Fälle ist für die Beurteilung allein die Beobachtung maßgebend gewesen, daß unter gewissen Wohnungsverhältnissen die körperliche Entwickelung und das Gedeihen sich kümmerlicher gestaltete als unter anderen, den herrschenden Anschauungen über Gesundheit und Krankheit sich mehr anpassenden, daß ebenso manche Krankheitsarten sich in gewissen, ungesund erscheinenden Wohnungen häufiger zeigten und immer wiederkehrten und schließlich, daß nach dem Verlassen solcher Wohnungen und Beziehen besserer der Gesundheitszustand sich günstiger gestaltete. Wenn auch hierbei manche Trugschlüsse unterlaufen mögen und noch andere Faktoren, besonders sozialer und wirtschaftlicher Art, mit in Konkurrenz kommen, so sind doch diese jahrhundertelangen Erfahrungen nicht als unhaltbar beiseite zu schieben, sondern verdienen trotz des Fehlens exakter Nachweisung des ursächlichen Zusammenhanges ernste Berücksichtigung und Bewertung. Eine Stütze erhalten sie ferner einerseits durch die Ergebnisse physiologischer, hygienischer und pathologischer Untersuchungen, welche einen Anhalt für das Verständnis der Wechselbeziehungen zwischen Wohnung und Gesundheit der Bewohner gewähren, andererseits durch die Forschungen auf dem Gebiete der Bakteriologie, welche für gewisse Fälle den exakten Nachweis erbrachten, daß eine Wohnung unter gewissen Verhältnissen bestimmte Erkrankungen unter den Insassen hervorrufen kann. Auch die Tatsache, daß immer und immer wieder die gleichen oder ähnlichen Beschwerden und Krankheitszustände als Folgen angeblich ungesunder Wohnungen genannt und von den Ärzten beobachtet werden, obwohl die davon Betroffenen untereinander fremd und räumlich weit entfernt sind, den extremsten sozialen Bevölkerungsschichten angehören und auf den verschiedensten Stufen geistiger Bildung und hygienischer Ansprüche stehen, so daß eine Beeinflussung des einen durch den anderen oder gar eine Kollektivsuggestion ausgeschlossen ist, spricht für die Berechtigung, einen kausalen Zusammenhang als wirklich vorhanden zuzugeben.

Diesen Zusammenhang statistisch nachzuweisen ist bis zur Zeit nicht gelungen und wird auch vorläufig aussichtslos bleiben, da die Mehrzahl der in Betracht kommenden Krankheiten sich der Registrierung entziehen. Vielleicht bringen die von größeren Krankenkassen eingeleiteten Enqueten hierüber mit der Zeit einen befriedigenden Aufschluß. Einen gewissen Anhalt für die Bewertung des gesundheitlichen Einflusses der Wohnungen liefern jedoch die statistischen Ergebnisse über die Krankheiten des Säuglingsalters und die Infektionskrankheiten. Dieselben beweisen das Überwiegen dieser Krankheiten in den Städten, und wir gehen nicht fehl, die Ursache der entsprechenden Wohnungen auf die Gesundheit d Bewohner. 43

Mehrsterblichkeit in denselben in dem daselbst gedrängten Zusammenleben der niederen sozialen Schichten der Bevölkerung in unzulänglichen mangelhaften Wohnungen und den damit in Verbindung stehenden verschlechterten Lebensbedingungen hinsichtlich des Bodens, des Wassers, der Luft und des Lichtes zu suchen. So hat Geigel für Würzburg nachgewiesen, daß, während der zweite und dritte Distrikt mit größeren Straßen und besserer Wohlhabenheit im Durchschnitt der Jahre 1864—70 eine Säuglingssterblichkeit von 5,3 bezw. 5,7 % der Zivilbevölkerung aufwiesen, der fünfte Distrikt mit engen Gäßchen, schmutzigen und übervölkerten Häusern dagegen eine Säuglingssterblichkeit von 11,4 % hatte. Die hohe Bedeutung dieses Faktors zeigen nach Newsholme auch die sehr günstigen Verhältnisse in den aus den Mitteln der reichen Peabody-Stiftung erbauten, den hygienischen Anforderungen Rechnung tragenden Arbeiterwohnungen Londons. Während in diesen Peabody Buildings im Durchschnitt der Jahre 1882—90 die Säuglingssterblichkeit nur 139,4 $^0/_{00}$ der Geborenen betrug, erreichte sie in ganz London die Ziffer 151,9 $^0/_{00}$. Aber auch hinsichtlich der Sterblichkeit überhaupt zeigten die Peabody Buildings günstigere Verhältnisse, indem in ihnen in den Jahren 1881/85 resp. 1888/90 die Sterbeziffer der Bewohner 19,34 $^0/_{00}$ resp. 16,49 $^0/_{00}$ betrug, in ganz London dagegen 21,93 $^0/_{00}$ resp. 17,96 $^0/_{00}$. Albrecht berichtet nach Albus Mitteilungen aus Berlin aus dem Umfange der 1870er Jahre, der Zeit, wo die Wohnungsnot einen ihrer Höhepunkte erreicht hatte, daß damals infolge des Aftervermietungssystems die Wohnungen der ärmeren Familien durch Überfüllung und Unsauberkeit wahre Brutstätten für Krankheiten geworden waren. So lieferte innerhalb des 61. Medizinalbezirks von 153 Flecktyphuskranken ein Haus allein 150. Im 18. Medizinalbezirk kamen von 675 Armenkranken auf ein Haus allein 177 = 30,80 %; alle 6 in diesem Bezirke unter den Armen vorgekommenen Cholerafälle entstammten diesem Hause, ebenso 46 % aller Ruhr- und 80 % aller Diphtheritisfälle. Ein anderer Häuserkomplex, in welchem über 1000 Menschen hausten, lieferte 53 % aller in vier Monaten im 13. Medizinalbezirk behandelten Kranken. Auch der Einfluß überfüllter schlechter Wohnungen auf die Verbreitung des Flecktyphus verdient hervorgehoben zu werden, wie er in den früheren schmutzigen Gefängnissen Englands, im Krimkriege und in den furchtbaren Epidemien Irlands zutage trat und welcher neben schlechter Nahrung auf die Mangelhaftigkeit der Wohnungen zurückgeführt wurde. Ähnliche Beobachtungen machte Mosler während der Epidemie unter den Chausseearbeitern des Franzburger Kreises, und vor allem R. Virchow, welcher auch für die oberschlesische Epidemie ein Hauptgewicht auf den Einfluß der Wohnungen legte.

Eine wie erhebliche Rolle in der Sterblichkeit die Wohnungsdichtigkeit und in gewissem Umfange ebenso die Höhenlage der Geschosse spielt, mögen die nachstehenden Tabellen erläutern.

Zahl der 1880 in Berlin an Typhus Erkrankten	Durchschnittszahl der Einwohner im Hause	Zahl der 1880 in Berlin an Typhus Gestorbenen	Durchschnittszahl der Einwohner im Hause
0	42,2	0	49,9
1	42,7	1	62,7
2	45,1	2	64,5
3	46,3	3	74,4
4	50,4	4	77,1
5	57,5	5	77,4
6	58,3	6—9	91,5
7	60,0	10—13	98,5
8	62,6		
9	63,0		
10—14	65,2		
15—19	72,4		
20—24	90,3		
25—29	94,4		
31—53	97,2		

In New-York starben im Jahre 1891 von den in verschieden dicht bevölkerten Häusern lebenden Kindern unter 5 Jahren: in Häusern mit weniger als 20 Bewohnern 77,91 °/₀₀, mit 20 bis 40 Bewohnern 76,67 °/₀₀, mit 40—60 Bewohnern 88,53 °/₀₀, mit 60—80 Bewohnern 100,55 °/₀₀, mit 80—100 Bewohnern 95,78 °/₀₀, mit über 100 Bewohnern 85,51 °/₀₀, während überhaupt von allen unter 5 Jahre alten Kindern 86,80 °/₀₀ starben.

entsprechenden Wohnungen auf die Gesundheit d. Bewohner. 45

Den Einfluß der Höhenlage der Wohnungen auf die Sterblichkeit möge die folgende Tabelle veranschaulichen.

Sterblichkeit nach Höhenlage in Berlin	Von je 1000 Bewohnern starben:		
	1875/76	1880/81	1885/86
Keller	35,6	23,6	21,1
Erdgeschoß	29,4	21,8	20,4
1. Stock	28,6	20,6	18,4
2. „	29,2	22,3	18,8
3 „	32,9	22,0	19,0
4. und 5. Stock	36,5	25,8	21,4

Am günstigsten ist hiernach die Sterblichkeit im ersten Stock, um mit der Höhe dann zu steigen. Am ungünstigsten ist sie in den obersten Geschossen, und hier mehr wie im Keller. Zugleich geht aus dieser Tabelle hervor, wie durch gesundheitliche Maßnahmen (Kanalisation, Wasserleitung) die Sterblichkeit von 1875/76 bis 1885/86 sich erheblich verringerte.

Für Leipzig versuchte Plaut den Einfluß der Beschaffenheit von Milch und Wohnung auf das Gedeihen der Ziehkinder festzustellen. Es zeigte sich hierbei für die dortigen Verhältnisse, daß die Wohnungsverhältnisse einen noch wichtigeren Einfluß auf die Entwickelung der Pflegekinder ausübten, als die Ernährung.

Aus den angeführten statistischen Mitteilungen sind wir zweifelsohne berechtigt, den Schluß zu ziehen, daß die Wohnung in der gesundheitlichen Entwickelung des modernen Menschen und in der Erhaltung und Förderung seiner Gesundheit eine gewisse Rolle spielt, wobei wir freilich nicht verkennen wollen, daß die genaue Abgrenzung gegenüber dem Einflusse anderer, in gleicher Richtung wirksamer Momente, wie z. B. der volkswirtschaftlichen Lage, nicht möglich ist. In den folgenden Betrachtungen wollen wir prüfen, ob und wie die verschiedenen als gesundheitswidrig in dem vorstehenden Abschnitte angenommenen Abweichungen in dem Zustande einer Wohnung tatsächlich oder mit mehr und weniger Wahrscheinlichkeit Veranlassung zu gesundheitlichen Schädigungen geben können.

Gehen wir zunächst von bakteriologischen und biologischen Gesichtspunkten aus, so werden wir zugeben müssen, daß sowohl bei dem Neubau von Häusern wie bei der Benützung der vorhandenen Wohnräume eine nicht unerhebliche Zahl von Umständen eintreten, welche auf die hygienische Intaktheit von Einfluß sind. Die beim Bau oder später reichlich durch die Undichtigkeiten der Dielen eingeschleppten Mikrobien liefern den Anstoß zu Zersetzungen im Fehlboden. Nach den vielfach gefundenen Mengen von Stickstoff und Kochsalz (Emmerich fand im Fehlbodenstaub 0,192 — 0,57 — 0,758 % Stickstoff und 0,227 — 0,861 — 1,02 % Kochsalz) ist das Zwischendeckmaterial von länger bewohnten Häusern oft sehr viel stärker verunreinigt, als der Boden unter und neben Straßenkanälen und Abortgruben. Der vom Scheuerwasser oder von dem Kondenswasser, welches der aufsteigenden wärmeren Luft untergelegener Räume entstammt, herrührende Wassergehalt des Fehlbodeninhalts schwankte zwischen 0,7—20,7 %. Dieser Wassergehalt in Verbindung mit dem an organischen und für Mikroorganismen günstigen anorganischen Stoffen reichen, einem Wechsel der Durchfeuchtung und Lüftung zugänglichen, durch die Binnentemperatur der Häuser ausreichend temperierten Material der Zwischenböden schafft viele günstige Bedingungen für das Leben von Fäulniserregern und die Möglichkeit verschiedenartiger Zersetzungen. So kann es zur Bildung von salpetriger Säure und Salpetersäure unter der Wirkung von nitrifizierenden Bakterien (Schlösing und Müntz, Hüppe, Winogradsky und Frankland) kommen, zu Anhäufung von Kohlensäure in geschlossenen Räumen bis über die von Pettenkofer angegebene Grenze von 1 %$_{00}$ hinaus, zu stinkender Fäulnis im Fehlboden (Michaelis wies Fettsäuren und Ameisensäure nach) und zur Entstehung übler Gerüche in den Zimmern Emmerich und Rullmann ermittelten unter den vielen Saprophyten der Fehlböden eine Cladothrixart (Cladothrix odorifera), welche in Kulturen einen ähnlichen moderigen, muffigen Geruch hervorrief, wie er in feuchten Wohnungen oder nach feuchtem Aufwischen undichter Fehlböden entsteht. So ungenügend noch die bisherigen Untersuchungen sind, so beweisen sie doch, daß die Füllungen der Zwischendecken ein geeignetes Material enthalten, entsprechenden Wohnungen auf die Gesundheit d. Bewohner.

welches bei genügendem Zutritt von Luft und Feuchtigkeit unter der Einwirkung von Mikroorganismen vielerlei Zersetzungen durch Fäulnis und Verwesung zuläßt, wobei in Wasser lösliche und gasförmige Fäulnisprodukte entstehen. Nachdem Monti und andere festgestellt haben, daß abgeschwächte pathogene Bakterien bei Mitübertragung von Fäulnisprodukten wieder hafteten und virulenter wurden, und Hüppe ermittelt hat, daß eine geringere Zahl pathogener Keime zur Infektion erforderlich ist, wenn dieselben durch Fäulnisprodukte oder durch gleichzeitige Einführung von Fäulniserregern in ihrem Angriff auf den tierischen Organismus unterstützt werden, muß die alte epidemiologische Annahme, nach der Faulstoffe zur Infektion führen oder die Infektion begünstigen, wieder mehr berücksichtigt werden. Die gelösten Fäulnisprodukte sind imstande, die Krankheitsanlage zu steigern, resp. die Seuchenfestigkeit herabzusetzen. Diese Möglichkeit ist bei Durchnässung der Fehlböden und dem Durchsickern und Abtropfen der Flüssigkeit durch die Decken in die untergelegenen Räume zu berücksichtigen, wobei sie in Nahrungs- und Genußmittel hineingelangen und diese verunreinigen können. Was die gasförmigen Fäulnisprodukte anlangt, so werden wir zwar die englische Auffassung, welche zu dem „sewage gases horror" geführt hat und nach welcher die Gase selbst das infektiöse Agens darstellen, nicht teilen, aber zugeben, daß die Gase, obwohl sie keine Infektion bewirken, so doch die Krankheitsanlage der Bewohner schädigen können. Diesen Standpunkt nimmt auch M. Kirchner hinsichtlich der Schädlichkeit der Kanalgase ein, wie er auf der XX. Versammlung des Deutschen Vereins für öffentliche Gesundheitspflege in Stuttgart 1895 in den beiden ersten Leitsätzen zum Ausdruck brachte, welche lauteten:

1. Die Annahme der Verbreitung epidemischer Krankheiten, namentlich von Typhus, Cholera, Diphtherie, durch Kanalgase ist mit unseren heutigen Kenntnissen vom Wesen der Krankheitserreger nicht vereinbar.

2. Dagegen sind die in Kanal- und Hausleitungen entstehenden Fäulnisgase, wenn auch nicht direkt, so doch indirekt, namentlich bei dauernder Einwirkung, schädlich, indem sie ekelerregend wirken und das allgemeine Wohlbefinden und damit die Widerstandsfähigkeit des Körpers gegen Krankheiten herabsetzen.

„Die im Fehlboden in löslicher Form vorhandenen Fäulnisstoffe", schreibt Hüppe in seiner Bakteriologie und Biologie der Wohnung (Weyls Handbuch der Hygiene), welcher viele der eben und später gemachten Angaben entnommen sind, „dürfen aber wohl nur höchst selten Gelegenheit finden, als Gifte oder als Begünstigungsmittel für die Disposition in Beziehungen zu den Bewohnern zu treten. Ihre Bedeutung dürfte wohl mehr in der Richtung zu suchen sein, daß sie anderen Mikrobien wieder Existenzbedingungen bieten und so auf dem Wege der Metabiose, der Aufeinanderfolge, die Zersetzungen im Boden auf lange ermöglichen, indem die einen Arten die anderen ablösen." So können die Holzteile der Wohnung dem zersetzenden Einfluß des Hausschwammes (Merulius lacrymans) zugänglicher gemacht werden und dessen Gedeihen günstiger gestalten, als wenn ihm nur reines Wasser zur Verfügung stände. Den Hauptbestandteil für seine Ernährung entnimmt dieser Pilz dem Koniferin und der Zellulose des Holzes, wodurch das Morschwerden desselben verursacht wird. Das aufgenommene Wasser vermag er zu transportieren, nach außen treten zu lassen (Tränen, lacrymans!) und dadurch Holz und Mauerwerk weithin zu durchfeuchten und für das Weiterwuchern vorzubereiten. Jahn führte zuerst 1823 Erkrankungen, welche sich als Darmkatarrhe mit Brechneigung äußerten, auf Infektion mit Hausschwamm zurück und faßte sie als Luftvergiftungen, durch die Ausdünstungen verursacht, auf. Ebenso brachte Ungefug bestimmt 6 Fälle mit ähnlichen Krankheitserscheinungen mit der Einatmung der Sporen von Merulius lacrymans in Zusammenhang. Ich selbst beobachtete 1889 einen Fall, in welchem der Insasse einer sehr stark mit Hausschwamm verseuchten Wohnung, welcher die Holzdielen vielfach durchbrochen und den Fehlboden freigelegt hatte, an schwerem subakuten Magendarm- und quälendem Rachenkatarrh erkrankte, welcher allen ärztlichen Maßnahmen trotzte. Nach dem Verlassen dieser und Beziehen einer anderen, gesundheitlich einwandfreien Wohnung verschwanden die Krankheitserscheinungen ohne jedes weitere Zutun von selbst in kurzer Zeit. Hüppe und Gottschlich gelang es nicht, infektiöse Eigenschaften des Myzels und der Sporen von Merulius lacrymans zu finden. Sie nehmen an, daß es sich um einen Einfluß auf die Disposition des Menschen durch die Feuchtigkeit, die gasigen Fäulnisprodukte oder den Staub handelt.

entsprechenden Wohnungen auf die Gesundheit d. Bewohner. 49

Außer dem Hausschwamm sind noch der Polyporus vaporarius, welcher die „Rotstreifigkeit" des Holzes der Kiefern und Tannen bewirkt, und andere Pilze in den Zwischendecken gefunden worden, welche ebenfalls durch ihre Zersetzungen zu dem muffigen Geruch der Zimmerluft beitragen.

Während die indirekten Beziehungen zwischen den im Fehl=boden vor sich gehenden Zersetzungen zu Krankheiten und Infektionen hiernach einigermaßen erwiesen sind, wurden auch vielfach direkte derartige Beziehungen behauptet. Butter führte eine Hausepidemie von Unterleibstyphus 1874 in Hoburg, welche sich 1875, 1878 und 1879 wiederholte, auf Infektionen der Zwischendeckenfüllung zurück. Nach Ersetzung des alten Materials durch frisches reines und hin=reichender Abdichtung durch dichtgefugte und gründlich gestrichene Dielen blieb das Haus seitdem frei von Typhus. Ähnliches be=richtete Michaelis von einer Kasernenepidemie in Larino und Pettenkofer über die Choleraepidemie in der Strafanstalt in Laufen, wo nur Leute erkrankten, welche in bestimmten Sälen ar=beiteten und schliefen. Auch hinsichtlich der Diphtherie wurde früher behauptet, daß sie an die Wohnungen gebunden sei und die Infektion von deren Fußbodenfüllung ausgehe. Diese Annahme wurde von Flügge in Breslau nach seinen Untersuchungen bestritten, während Feer in Basel die Diphtheritis nach seinen epidemiologischen Unter=suchungen für wenig kontagiös kritisiert und gerade die un=hygienischen Zustände der Wohnungen als günstig für die Aus=breitung von Krankheiten und für Hausepidemien anschuldigt. Uffelmann stellte ähnliches in Rostock fest und Gottstein gelangte auf Grund seiner Beobachtungen in Berlin zu der Ansicht, daß die unhygienischen Zustände der Wohnungen eine Disposition der Be=wohner zu Diphtherie bewirken und es in diesem Sinne Diphtherie=häuser und Seuchenherde gäbe. Neumann (Öffentlicher Kinder=schutz in Weyls Handbuch der Hygiene) vertritt den Standpunkt, daß besonders bei der Diphtherie der Einfluß ungünstiger Wohnungs=verhältnisse deutlich zutage tritt, weil sich der Bazillus bei Abschluß von Luft und Licht bei genügender Feuchtigkeit an toten Gegen=ständen länger hält, weil Erkrankte und Gesunde ihn im Munde an und für sich länger konservieren und weil ein ungünstiges Wohnungsklima die Disposition zur Diphtherie zweifellos erhöhen kann. Auch für die kindliche Tuberkulose schuldigt derselbe Autor

neben mangelhafter Ernährung unsaubere und ungünstige Wohnungs=
verhältnisse als geeignet an, den schlummernden oder bereits mani=
festen Prozeß ungünstig zu beeinflussen.

Ähnliche Beobachtungen sind unter Gefangenen und Militär=
personen auch über Lungenentzündungsepidemien und über Skorbut
gemacht worden (Michaelis, Rahts).

Der direkte Nachweis von pathogenen Bakterien, welcher be=
züglich der Lungenentzündung und des Typhus bis jetzt nicht ge=
lungen ist, wurde für die Bazillen des malignen Ödems und des
Tetanus erbracht. So fand Emmerich in dem Füllboden eines
Schlafzimmers, auf welches er wegen Diphtherie aufmerksam geworden
war, reichlich Tetanusbazillen, Heinzelmann ebenso 9 mal virulente
Tetanusbazillen in dem Füllbodenmaterial von dreizehn alten Ge=
bäuden, Rullmann in einem Falle die Bazillen des malignen
Ödems. Die Möglichkeit, daß pathogene Bakterien in den Zwischen=
deckenfüllungen vorhanden sein können, kann also nicht bestritten
werden. Ob sie sich daselbst vermehren werden, ist fraglich, jedenfalls
können sie aber entwickelungsfähig und virulent bleiben. Hierbei
sind nach Hüppe die Endosporen=bildenden Arten, wie z. B.
Tetanusbazillen, mehr begünstigt als arthrospore Arten und unter
diesen wieder die Kolon= und Typhusbakterien vor den Cholera=
bakterien. Um zur Infektion zu führen, müssen diese Mikro=
organismen direkt oder durch Vermittlung von Speisen und Ge=
tränken in den Menschen gelangen, was durch Herabrieseln des
Zwischendeckenstaubes aus undichten Fehlböden durch Erschütterungen
beim Gehen auf denselben oder von der Straße her geschehen kann.

Das biologische Verhalten in den Wohnräumen selbst wird
von der Feuchtigkeit abhängen. An feuchten Wänden, besonders in
dunklen Ecken und an den unteren Wandteilen hinter den Möbeln
kommt es zu mehr oder weniger starker Schimmelbildung, deren
Pilzsporen von hier in die Wohnungsluft und mit dieser in die
Atmungswege gelangen, auch auf Nahrungsmitteln sich absetzen, diese
verderben und mit ihnen in den Verdauungskanal geraten können.
Für Bakterien ist die Konzentration des Nährmaterials in Keller=
räumen und feuchten Winkeln gewöhnlich zu stark; immerhin kann
gelegentlich auch eine Vermehrung oder Konservierung von Bakterien
vorkommen, wobei allerdings die Wahrscheinlichkeit einer Begünstigung
der empfindlicheren pathogenen Bakterien sehr gering ist.

Der Staub der Zimmer enthält vielerlei saprophytische Pilze und Bakterienkeime, von denen nach Hesse die ersteren der Regel nach die letzteren an Zahl übertreffen. Von diesen Mikroorganismen ist zu fürchten, daß sie sich mit dem Staube ihrer Schwere entsprechend niedersenken, auf Speisen und Getränke fallen und diese in Gärung und Fäulnis versetzen. Ferner kann in größeren Massen eingeatmeter Staub zu Staubinhalationskrankheiten Veranlassung geben. Wenn diese auch in typischer Form (als Chalicosis, Siderosis, Pneumokoniosis) nur in der Industrie vorkommen, so stehen sie doch durch alle möglichen Übergänge mit jenen leichteren Katarrhen und Reizerscheinungen der Atmungsorgane in Verbindung, für welche wir erfahrungsgemäß überhaupt Staubeinwirkung verantwortlich machen. Unter diesem Gesichtspunkte müssen wir staubhaltige Luft als geeignet erachten, eine Disposition zu Tuberkulose zu schaffen oder zu steigern. Auch pathogene Keime können im Staube der Zimmer vorhanden sein, besonders dann, wenn dieselben ansteckenden Kranken zum Aufenthalt dienen oder zum Aufenthalt gedient hatten, deren Absonderungen (durch Auswurf, Urin, Stuhlgang, Abgänge von der Haut) direkt oder durch Vermittlung schmutziger Bett- und Leibwäsche sowie Kleidungsgegenstände in das Zimmer gelangten, vertrockneten und dann pulverig-staubförmig zerfielen. Vornehmlich werden wir hierbei an die akuten Ausschlagskrankheiten (Scharlach, Masern, Pocken), ferner an Diphtherie, Tuberkulose und Lungenentzündung zu denken haben. Emmerich gelang es, Erysipel-Streptokokken in der Luft eines Zimmers nachzuweisen, Haegler virulente eitererregende Staphylokokken und Streptokokken in der Luft des Operationssaales und der Krankensäle in der Baseler Klinik, von denen die letzteren nach 36, die ersteren nach 100 Tagen noch entwicklungsfähig waren. M. Kirchner und A. Pfuhl fanden in dem den Sachen einer Montierungskammer in Braunschweig entnommenen Staube den Staphylokokkus pyogenes aureus, M. Kirchner im Staube von Krankenzimmern die Keime des malignen Ödems und des Tetanus, Loeffler auch virulente Diphtheriebazillen. Solche fand auch Abel am Spielzeug von Kindern in der Stube, Wright und Emerson im Fußbodenstaube des Diphtherie-Pavillons des City-Hospitals in Boston. Cornet hat in einer größeren Zahl von Fällen in dem Staube von Krankenzimmern, und zwar aus der Umgebung von Betten, in denen

Tuberkulöse lagen, Tuberkelbazillen in entwicklungsfähigem und virulentem Zustande gefunden, aber auch im Staube von Hotelzimmern und Privatwohnungen, in denen sich Tuberkulöse befanden oder befunden hatten. Noch wichtiger ist aber, daß M. Kirchner in dem Staube der vorher genannten Montierungskammer in Braunschweig, also eines nicht zum Aufenthalte von Kranken dienenden Raumes, in mehreren (3) Fällen Tuberkelbazillen in virulentem und entwicklungsfähigem Zustande nachwies.

Im Straßenstaub wurden Tuberkelbazillen 1893 von Marpmann gefunden. Schnirer gelang es, solche aus Staub, welcher sich auf Weintrauben niedergeschlagen hatte, in virulentem Zustande sicher zu stellen. Hüppe fand sowohl im Zimmer-, wie im Straßenstaub pathogene Schimmelpilze (im ersteren Falle Mucor corymbifer).

Wir ersehen aus den vorstehenden Darstellungen, daß Wohnungen unter gewissen, von gesundheitlichen Voraussetzungen abweichenden Umständen unter dem Einflusse der Lebenstätigkeit von Kleinlebewesen einerseits die Widerstandsfähigkeit des Körpers gegen krankmachende Agentien herabsetzen und eine bestehende Krankheitsdisposition steigern, andererseits direkt zu gewissen Krankheiten auf dem Wege der Infektion Veranlassung geben können, und wir werden bei der gesundheitlichen Bewertung einer Wohnung gerade die indirekte Einwirkung derselben auf den Gesundheitszustand der Bewohner nicht außer acht lassen dürfen.

Indem wir hiermit den durch Mikrobien gegebenen Einfluß der Wohnung auf die Bewohner abschließen, wenden wir uns weiter zunächst der physikalischen Einwirkung unter abnormen Verhältnissen zu, von denen in erster Reihe die Feuchtigkeit unser Interesse beansprucht. Irgend ein sicherer Zusammenhang zwischen Wohnungsfeuchtigkeit und Gesundheit der Bewohner ist statistisch nicht nachgewiesen; er wird erfahrungsgemäß als vorhanden angenommen. Oldendorff sagt (Einfluß der Wohnung auf die Gesundheit; Weyls Handbuch der Hygiene) ganz allgemein, daß jeder Arzt die nachteiligen Wirkungen feuchter Wohnungen kenne. Reck hat diese statistisch nachzuweisen gesucht und gefunden, daß die Sterblichkeit der niederen Klassen in solchen Wohnungen am größten sei. Hierbei handelt es sich jedoch um eine soziale Frage allgemeiner Art, bei welcher freilich die Wohnung den allerersten Rang einnimmt. Heim (Lehrbuch der Hygiene) schreibt, daß feuchte Wohnungen viele Mißlichkeiten und Nachteile bergen, welche aber nicht scharf zu präzisieren sind, denn es ist unmöglich, bestimmte Erkrankungen auf sie zurückzuführen. „Die übermäßigen und einseitigen Wärmeabstrahlungen an die der Verdunstungskälte unterliegenden Mauern, die sich namentlich bei ruhiger Körperhaltung, also während des Schlafes bemerkbar machen, sind in erster Linie als das Schädigende anzusehen; demnächst der hohe Feuchtigkeitsgehalt der schwer richtig zu temperierenden Zimmerluft; er bedingt seinerseits Feuchtigkeit der Kleider und der Betten, die der Körper erst zur Verdunstung bringen muß. Durch diese abnormen Wärmeverluste ist der Körper Erkältungen ausgesetzt. Als eine der häufigsten Folgen derselben werden Rheumatismen und Katarrhe bezeichnet. Nur Muskelrheumatismen lassen sich zweifellos auf solche einseitigen Abkühlungen zurückführen, wenn auch hier der statistische und experimentelle Beweis noch nicht erbracht ist. Vom Gelenkrheumatismus läßt sich ein solcher direkter Zusammenhang so wenig behaupten, wie von anderen Infektionskrankheiten, sowie von Nierenentzündungen, die man speziell unter dieser Rubrik namhaft gemacht hat und über deren Ursache und Zustandekommen wir überhaupt noch nichts Sicheres wissen. Viel mehr als notorisch Gesunde leiden solche Personen in feuchten Wohnungen, die bereits eine Krankheit durchgemacht haben oder noch krank sind, also Rheumatiker, Tuberkulöse, mit Katarrhen der Atmungsorgane überhaupt behaftete, also gesundheitlich wenig feste Individuen, die Gefahr laufen, daß eine latente Krankheit manifest wird, und die immerfort kränkeln. Dabei ist zu bemerken, daß solche Nachteile hauptsächlich auf ständig feuchte Wohnungen zurückzuführen sind; vorübergehende Feuchtigkeitsverhältnisse, wie sie in jedem neuen Gebäude vorhanden sind, werden viel leichter ertragen."

Es fehlt nach dem Gesagten an einem exakten Nachweise der Beziehungen zwischen Wohnungsfeuchtigkeit und Gesundheit resp. Erkrankung der Bewohner. Und doch lehrt die Erfahrung, daß solche Beziehungen bestehen. Die Tatsache dieser Erfahrung ist in Laienkreisen so festgewurzelt, daß eine feuchte Wohnung schlechthin als gesundheitsschädlich angesehen wird. Und das gewiß nicht selten mit Recht. Wie oft ist nicht eine durch Jahrhunderte hindurch gemachte und immer wiederholte Beobachtung später bei der Zugänglichkeit wissenschaftlicher Beweisführung für richtig gefunden worden! —

Die durch feuchte Wohnungen verursachten Krankheiten sind keine spezifischen, welche nur durch diese und keine andere Ursache erzeugt werden. Es sind auch nicht schnell und akut einsetzende und verlaufende Krankheiten, welche noch während des Bewohnens einer solchen in die Erscheinung treten. Vielmehr machen sich nach zahlreichen Erfahrungen diese Krankheiten nicht selten erst nach dem Verlassen einer feuchten Wohnung bemerkbar, wenn die Insassen bereits unter andere und gesunde Verhältnisse gekommen sind. Sehr häufig hören wir die Angabe, daß Menschen, welche bis zu dem Beziehen einer feuchten Wohnung gesund waren, nach längerem oder kürzerem Aufenthalt in derselben über unbestimmte Beschwerden allgemeiner Art, Mattigkeit, geringere Arbeitsenergie, allgemeines Unbehagen und ähnliches mehr zu klagen beginnen, aber auch über ganz bestimmte Krankheitserscheinungen, wie Reißen, Kopfschmerzen, Rheumatismus der Muskeln und Gelenke usw. Das Gedeihen der Kinder läßt zu wünschen übrig, dieselben werden blaß, verlieren die Eßlust, neigen zu Husten. Bereits Kranke genesen langsamer, können sich weniger gut erholen oder erfahren selbst eine Verschlechterung ihres Befindens. Gar nicht selten lassen die ärztlichen Maßnahmen im Stich, so daß der Arzt schließlich nur in dem Wechsel der Wohnung einen Ausweg aus dem gesundheitlichen Dilemma sieht. Kurz und gut, die Wohnungsfeuchtigkeit tritt nicht so sehr als Ursache für rasch auftretende Erkrankungen in die Erscheinung, als vielmehr nach der Richtung hin, daß die Entwickelung ungünstiger sich gestaltet, der Keim zu späteren ernstlichen Erkrankungen gelegt und eine bestehende Krankheit verschleppt oder verschlimmert wird. Läßt sich dieser Zusammenhang physiologisch und pathologisch mit großer Wahrscheinlichkeit rechtfertigen, so sind wir berechtigt, denselben als einigermaßen sicher anzunehmen.

Die Wohnung soll uns die Möglichkeit eines für alle Jahreszeiten günstigen und möglichst gleichbleibenden Klimas verschaffen, damit die Wärmeregulierung unseres Körpers keine nachteilige Störung erfährt. Ist die Wohnung feucht, so wird sie, wie in den früheren Abschnitten bereits hervorgehoben ist, auch gleichzeitig mehr weniger kalt sein und ebenso die von ihr umschlossene Luft. Feuchte Wände und feuchte Luft sind aber gute Wärmeleiter. Den Insassen solcher Wohnungen wird dadurch nach physikalischen Gesetzen Wärme entzogen und das Gefühl des Frierens, des Nichtwarmwerdens bei ihnen erzeugt. Noch mehr wird sich dasselbe geltend machen beim Schlafen an feuchten und kalten Wänden, wobei noch durch Strahlung einseitig nach diesen hin Wärme abgegeben wird. Sind auch die Betten und die Kleider feucht, so verlieren diese ihre Eigenschaft, gegen Wärmeverlust zu schützen, entziehen vielmehr Wärme, um so mehr, als im Schlafe der Stoffwechsel verlangsamt ist und die Wärmeregulation daher leichter aus dem Gleichgewicht gerät. Wir begehen daher keinen wissenschaftlichen Trugschluß, wenn wir die Wirkung feuchter Wohnungen in der Hervorrufung der sogen. Erkältungskrankheiten erkennen, wie sie als Rheumatismus der Muskeln, Gelenke und Nerven, sowie in Katarrhen, namentlich der Luftwege, vom einfachen Schnupfen bis zu den schwersten Luftröhrenkatarrhen zur Beobachtung kommen. Natürlich braucht nicht jeder Mensch in einer feuchten Wohnung zu erkranken, da die Widerstandsfähigkeit des Körpers individuell verschieden ist. Zu berücksichtigen ist jedoch, daß eine sich wiederholende Störung der Wärmebilanz bei Personen, bei welchen sie nicht unmittelbar zu Erkrankungen führt, doch die Widerstandskraft derselben herabsetzen und den Körper anderweitigen krank machenden Einflüssen zugänglicher machen kann. Sind die Bewohner aber bereits in labilem Gleichgewicht des Gesundheitszustandes oder schon krank, so wird sich die Beeinträchtigung der Wärmeregulierung noch schwerer bemerkbar machen. Das wird besonders für Schwindsüchtige, Bleichsüchtige und Blutarme zutreffen, welche an und für sich schon mit Schwierigkeiten der Wärmebilanz zu kämpfen haben. Bei Kranken mit Gelenkrheumatismus ist ärztlich oft genug einwandfrei beobachtet worden, daß sie ihren Rheumatismus nicht los wurden und immer wieder Rückfälle bekamen, solange sie in feuchten Wohnungen blieben.

Sind die Wände feucht, d. h. ihre Poren statt mit Luft mit Wasser erfüllt, so ist die Ventilation durch dieselben vermindert und aufgehoben. Es kommt zu Schimmelbildung, auch das Fehlbodenmaterial gewinnt von der Feuchtigkeit und zersetzt sich, der Hausschwamm kann gedeihen. Sind die Tapeten feuchter Wände arsenhaltig, so machen die auf ihnen wuchernden Schimmelvegetationen Arsengase frei. Kurz, es kommt zur Verschlechterung der Wohnungsluft, deren nachteiligen Einfluß auf die Widerstandsfähigkeit des Körpers wir bereits oben erörtert haben.

Ist die Luft ganz oder fast ganz mit Wasserdampf gesättigt, so entsteht bei niederer Temperatur das Gefühl der „feuchten Kälte", indem die feuchte Luft den Wärmeverlust durch Leitung und Strahlung erhöht, bei erhöhter Temperatur das Gefühl der Schwüle und des Bedrücktseins infolge Störung der Wärmeregulierung durch Unterdrückung der Wasserdampfabgabe (Rubner). Nach Ansicht mancher Autoren soll dadurch eine Erschlaffung der Schleimhäute der Atmungswege verursacht werden, welche sie für die Einwirkung anderer Schädlichkeiten empfänglicher macht. Wir werden aber, was bisher nirgends betont ist, auch den nachteiligen Einfluß auf den Stoffwechsel mit Störungen der Blutbildung und auf das Zentralnervensystem mit dem Charakter der Unlust, Abgeschlagenheit und rascheren Ermüdung nicht übersehen dürfen, sowie den Umstand, daß das Hautgewebe saftreicher und aufgelockerter wird und dadurch gegen Temperaturerniedrigungen und einseitige Abkühlung beim Verlassen solcher warmen Räume mit wasserdampfgesättigter Luft empfindlicher, weil selbst Wärme besser leitender wird. Wie oft sind nicht bei Besuchern von überfüllten Theatern, Konzertsälen, Versammlungsräumen und Restaurants bald nach dem Verlassen derselben und dem Hinaustritt in die kalte Winterluft Erkrankungen der verschiedensten Art (Rheumatismus, Schnupfen, Katarrhe der Luftwege und dergl.) aufgetreten.

Über die Konservierung von Keimen ansteckender Krankheiten und der zersetzenden Einwirkung pilz= und bakterienhaltiger Luft auf Nahrungsmittel in feuchten Räumen haben wir schon früher gesprochen. Bei den Bewohnern solcher Räume sollen dadurch häufig Darmkatarrhe entstehen. Noch mehr ist ein solcher Zusammenhang mit den Brechdurchfällen der Säuglinge zu vermuten, bei denen außerdem die wasserdampfgesättigte Luft feuchter Räume noch besonders störend wirkt, indem sie die Wasserverdampfung von der Haut beeinträchtigt und damit die Gefahr der Wärmestauung nahe bringt.

Schließlich mag noch hervorgehoben werden, daß in feuchten Räumen die Sauberkeit schwer zu erhalten ist und Verschmutzung und Unordnung bald um sich greift, wodurch die Bewohner wieder den Sinn für Reinlichkeit und Ordnung verlieren.

In eingehender Weise hat Abel auf der XXVII. Versammlung des Vereins für öffentliche Gesundheitspflege in München 1902 den Einfluß feuchter Wohnungen auf die Gesundheit in seinem Referat behandelt und ist hierbei zu folgenden Leitsätzen gelangt:

1. Statistisch einwandfrei erwiesen ist die Gesundheitsschädlichkeit feuchter Wohnungen bisher nicht, nach den zahlreich vorliegenden Einzelbeobachtungen ist sie jedoch nicht zu bezweifeln.
2. Feuchte Wohnungen können schädigend auf die Gesundheit in erster Linie durch Hervorrufung von Störungen in der „Wärmeökonomie" der Bewohner wirken. Von gesundheitlicher Bedeutung ist aber ferner auch, daß in feuchten Wohnungen die Luft infolge der Beförderung von Zersetzungsvorgängen durch die Feuchtigkeit meist schlecht ist, daß manche Infektionskeime in ihnen besonders gute Existenzbedingungen finden und daß Nahrungsmittel in ihnen leicht verderben. Außerdem verliert in Räumen, die hochgradig feucht sind und dadurch in baulicher Hinsicht leiden, der Bewohner Gefühl und Interesse für Reinlichkeit und Ordnung der Wohnung, was wiederum weitere schädliche Folgen für die Gesundheit nach sich ziehen kann.
3. Demgemäß sind zunächst „Erkältungskrankheiten" im weitesten Sinne des Wortes, dann aber auch Störungen der Körperentwickelung bei Kindern, Herabsetzung der Widerstandsfähigkeit gegen ansteckende Krankheiten, Häufung bestimmter Infektionskrankheiten, Schädigungen der Verdauungsorgane mehr oder weniger unmittelbar mögliche und tatsächlich beobachtete Wirkungen des Bewohnens feuchter Räume.

Wir können diesen auf physiologischen und pathologischen Tatsachen und Erwägungen aufgebauten Schlußfolgerungen Abels hinsichtlich der Bedeutung feuchter Wohnungen für die Gesundheit der Insassen nur beipflichten.

Die gleichen Schlüsse, welche wir hinsichtlich des Einflusses feuchter Wohnungen auf die Gesundheit zogen, können wir auch auf die Wirkung bewegter und kalter Luft auf den Menschen anwenden. Wenn durch Undichtigkeiten der Türen, Fenster, Wände, Decken und Fußböden kalte Luft unvermittelt in der rauhen Jahreszeit von außen eindringt, bei ihrer „Zug" hervorrufenden Bewegung einseitig auf den Körper einwirkt und diesem Wärme entzieht, kann es zu ähnlichen Erkältungskrankheiten rheumatischer und katarrhalischer Art kommen, wie wir dies für feuchte Wohnungen angenommen haben. Besonders wird dies nachts im Schlafe für die dabei freiliegenden Körperteile zutreffen. Unter solchen Umständen wurden mehrfach Klagen über rheumatische und neuralgische Beschwerden laut. Kinder in den ersten Lebensjahren, deren Tageslauf sich zumeist im Sitzen und Umherkriechen abspielt, werden auf kalten Fußböden übermäßige Abkühlung erfahren und infolge des dadurch ungünstig veränderten Blutumlaufs sowie der Störung in der Wärmeökonomie Katarrhe der Luftwege und des Verdauungskanals erwerben, eine Erfahrung, welche jeder ärztliche Praktiker macht. Ungenügende Erwärmung der Zimmerluft wegen fehlender oder mangelhafter Heizvorrichtungen wird in gleicher Richtung wirken. Auch beim Zustandekommen der verschiedensten Infektionen gilt die Erkältung nach Heim als ein mächtiger Faktor. Im Tierversuch zeigte sich, daß unter dem Einflusse plötzlicher und intensiver Abkühlung des ganzen Körpers oder eines Teiles seiner Oberfläche abgeschwächte, für das normale Tier unschädliche Krankheitserreger zur Wirkung kommen oder daß gewisse Infektionen schwerer verlaufen. Es ist ferner erwiesen, daß auf Applikation eines kalten Umschlages auf einen Teil eine veränderte Blutverteilung folgte, indem sich die Gefäße in den inneren Organen erweiterten, und daß von der freigelegten Luftröhre eine reichliche Schleimabsonderung auftrat (Lode, Kißkalt).

Die atmosphärische Luft liefert uns ununterbrochen den für unsere Existenz unentbehrlichen Sauerstoff und nimmt uns die gasförmigen Endprodukte des Stoffwechsels und die durch denselben erzeugte Wärme ab. Mit ihr mischen und in ihr suspendieren sich all die zahllosen flüssigen und festen Substanzen, welche durch das menschliche, tierische und pflanzliche Leben, durch die fortwährenden Veränderungen in unserer Umgebung gebildet werden. Die Beschaffenheit der Luft in chemischer und physikalischer Beziehung und die in ihr sich vollziehenden Vorgänge sind für das Kranksein und Gesundsein des Menschen sehr schwerwiegende Faktoren. Um die durch das Leben und den Wirtschaftsbetrieb in bewohnten Räumen veränderte, d. h. verschlechterte Luft wieder gesundheitlich zuträglich zu machen, ist ihr Ersatz durch frische reine Luft notwendig, dies um so mehr, wenn die Wohnräume gleichzeitig als Schlafräume dienen und ein Lüften derselben in der kalten Jahreszeit, namentlich da, wo kleine Kinder sind, in ergiebigem Maße nicht möglich ist. Hier macht der Tagesgebrauch die Wohnung für die Nacht und der Nachtgebrauch für den Tag ungesund. Können die Ausscheidungen durch Haut und Lungen der Menschen aus geschlossenen Räumen nicht abgeführt und die frische Beschaffenheit der Luft nicht annähernd wieder hergestellt werden, bringen in die Zimmerluft Rauch, die Ausdünstungen von Aborten, Klosetts, Wasserleitungen, von Viehstallungen, Dungplätzen, gewerblichen Anlagen, von Höfen mit faulenden Unratmassen, aus Küchen usw. ein, so wirkt eine solche längere Zeit oder dauernd eingeatmete Luft schädigend auf das allgemeine Befinden und auf die Geschmacks- und Geruchsnerven im besonderen ein. In solcher Luft atmet der Mensch nur oberflächlich, die Ausscheidung der Kohlensäure und des Wasserdampfes ist erschwert, die Zufuhr von Sauerstoff vermindert. Diejenigen, welche sich längere Zeit in schlecht gelüfteten oder der Zufuhr einwandfreier Luft ermangelnden Räumen aufhalten, bekommen ein Gefühl von Unbehaglichkeit, Mattigkeit, Kopfschmerzen und Ohnmachten. Allmählich stellen sich sogar schwerere Störungen des Verdauungs- und Blutbereitungsapparates ein, welche häufig durch blasses und welkes Aussehen sich äußern. Besonders bei Kindern und durch ihre Beschäftigung an geschlossene Räume gebundenen Personen ist diese Erscheinung zu beobachten (Stubenhocker!), welche die Entwickelung jener ungünstig durch mangelhafte Blutbildung beeinflußt und die Widerstandsfähigkeit der Individuen gegen krankmachende Agentien schwächt. Über die giftige Einwirkung von Luft, welche mit Kohlenoxyd (aus fehlerhaften Heizungsanlagen), Leuchtgas, Schwefelwasserstoff (von Gasleitungen, Klosetts, Gasmotoren, Gasabwässern, Gaskalkfüllungen der Fehlböden herrührend) verunreinigt ist, auf das Blut und Zentralnervensystem liegen hinlänglich gesicherte Beobachtungen und Untersuchungen vor.

Ungenügendes Licht mit dem Effekt düsterer oder dunkler Räume wirkt unzweifelhaft bei allen mit Naharbeit sich beschäftigenden Menschen schädlich auf das Auge ein. Der Sehpurpur wird schnell graublaß bei violettem Licht, langsam bei rotem Licht. Es begünstigt die Konservierung und das Gedeihen der Mikroorganismen, welche, wie z. B. für die Milzbrand-, Tuberkel- und Typhusbazillen sowie die Proteusarten nachgewiesen ist, durch diffuses und noch mehr durch direktes Sonnenlicht getötet werden. In Malariagegenden gelten die dunkelsten Räume als die gefährlichsten. Ruhemann (Berliner klinische Wochenschrift 1900) ermittelte, daß die Influenzaepidemie in Berlin in der zweiten Hälfte des Jahres 1900 am heftigsten und daß in dieser Zeit in Berlin überhaupt kein direktes

Sonnenlicht zu verzeichnen war. Die Blutbildung und der Stoffwechsel leiden bei dauerndem Aufenthalt in dunklen Räumen, die Kohlensäureausscheidung und die Sauerstoffaufnahme ist geringer. Die Temperatur kleiner Kinder sank beim Halten derselben in dunklen Räumen um $0{,}5^0$ unter die normale (Demme). Die Lebenstätigkeit der Zellen ist weniger rege, die geistige Frische ist geringer, die Stimmung ernster. Wo hinreichendes Licht fehlt, mangelt auch die erforderliche Umschau für Reinlichkeit und Ordnung. In den dunklen Ecken und Räumen gedeiht der Schmutz und die Kleinlebewelt.

Zur Erhaltung der geistigen Leistungsfähigkeit und der Gesundheit überhaupt gehört weiter, daß der geistig schaffende Mensch seine Gehirntätigkeit konzentrieren kann und daß ihm ebenso wie dem durch physische Kraft sein Tagewerk leistenden Arbeiter während der Nacht ungestörte Ruhe gesichert wird, um durch Ersatz der verbrauchten Nerven- und Muskelenergie neuen Schaffensvorrat für den kommenden Tag zu gewinnen. Der Kranke bedarf erhöhter Rücksicht und vermehrter Ruhe, weil sein gesundheitliches Gleichgewicht gestört, labiler und seine Empfänglichkeit für äußere Sinnes- und Gefühlseindrücke häufig gesteigerter ist. Wie schon im III. Abschnitt betont worden ist, sind daher alle Geräusche, welche mechanisch oder akustisch erschütternd auf Körper und Zentralnervensystem einwirken, geeignet, die geistige und körperliche Leistungsfähigkeit direkt und durch Beeinträchtigung der Nachtruhe indirekt zu schädigen, zu nervösen Beschwerden (Kopfschmerzen, nervöser Abspannung) Anlaß zu geben und die Genesung Kranker zu erschweren. Dasselbe trifft zu für alle Geräusche, welche sich nicht durch Gewöhnung an dieselben unterdrücken lassen. Die tägliche, nicht nur ärztliche, sondern noch häufiger laienhafte Erfahrung spricht für die Richtigkeit dieser Auffassung.

In gewissem Grade ebenso wirkt das Vorhandensein von Ungeziefer auf die Bewohner. Wenn durch Verwahrlosung, wie mehrfach beobachtet, Flöhe in ungezählten Scharen die Zimmer wolkenartig durchspringen und auf die Insassen als willkommene Opfer einstürmen, wenn Wanzen des Nachts in ihrem Blutdurst die müden Tagesarbeiter beißen, dann ist es um den Schlaf geschehen und die Betroffenen stehen zum neuen Tagewerk unerfrischt und übernächtigt auf. Setzt sich diese Plage Nacht für Nacht fort, dann erlahmt schließlich auch eine fest angelegte Energie, die geistige und nervöse Spannkraft verliert an Elastizität, die Leistungsfähigkeit sinkt und auch die körperliche Widerstandsfähigkeit wird hinfälliger. Außerdem aber können Wanzen, ebenso wie das im Volksmunde als Spanier, Franzosen, Schwaben bezeichnete internationale Ungeziefer, wenn es zahlreich die Küchen und Wohnräume bevölkert, durch Hineingeraten in die Nahrungsmittel und bei empfindlichen Personen allein schon durch den Anblick ästhetisch schädigend wirken, Ekel und Widerwillen gegen Speisen hervorrufen, bei längerer Dauer die Ernährung schädigen, zu nervöser Reizbarkeit führen und das Gefühl der Behaglichkeit beeinträchtigen. In gleicher Richtung wirken Ratten und Mäuse, wenn sie mehr oder weniger zahlreich die Wohnungen bevölkern, bis in die Betten vordringen, die Fußböden durchnagen und die Zwischenböden eröffnen, das Füllmaterial der letzteren verunreinigen und durch Fäulnis und Verwesung ihrer Leichen die Luft verpesten, ihren Kot überall hintragen, die Nahrungsmittel angreifen und deren Verzehr widerlich machen. Die von den Hauswirten oder Kammerjägern gegen die Rattenplage gelegten Gifte (Phosphor, Arsenik) bedeuten eine weitere Gefährdungsmöglichkeit für die Bewohner solcher Räume. Dieselben gaben wiederholt an, daß sie nicht nur keinen ruhigen und ungestörten Schlaf mehr finden könnten und sich ekelten, Speisen zu genießen, welche von den Tieren besudelt sein könnten, sondern daß sie geradezu „verrückt" werden könnten. Außerdem ist nicht zu vergessen, welche Rolle diese Nager unter Umständen auch unmittelbar bei der Verbreitung mancher Infektionskrankheiten, z. B. der Pest, nach den hochbedeutsamen Forschungsergebnissen Robert Kochs spielen.

Sind zum dauernden Aufenthalt von Menschen bestimmte Räume von Kranken mit ansteckenden Krankheitsursachen (Scharlach, Diphtheritis, Typhus, Ruhr, Cholera, Pocken, Tuberkulose, Granulose usw.) bewohnt gewesen und werden sie bei einem Wechsel der Bewohner ohne vorgängige Desinfektion weiter vermietet und benutzt, so liegt genug Grund vor, eine Ansteckung der neuen Bewohner zu befürchten. Dies trifft besonders auch für Badeorte, Hotels, Chambre garnie-Wohnungen zu. Unter ähnlichen Gesichtspunkten ist die Anbringung von freistehenden Klosetts in den Küchen, noch dazu unmittelbar neben den Kochherden, und das freie Durchleiten der Fallrohre aus den oberen Geschossen durch Küchen und Wohnräume gesundheitlich äußerst bedenklich. Wie leicht können bei Undichtwerden solcher Leitungen Fäkalflüssigkeiten in die Speisen oder auf die zu ihrer Aufnahme bestimmten Geschirre gelangen und, wenn infektiös, Erkrankungen hervorrufen. Ist es mir doch kürzlich vorgekommen, daß auf dem Sitzdeckel eines offen neben dem Kochherd angebrachten Klosetts die Hausfrau die Koch- und Eßgeschirre wegen sonstigen Raummangels in der Küche deponierte.

Schließlich sei noch erwähnt, daß infolge **baufälliger Beschaffenheit** durch drohenden Einsturz von Decken und Wänden und durch Durchbrechen von Dielen eine dynamische Gesundheitsgefährdung der Bewohner ohne weiteres zugegeben werden muß.

Die physische und geistige Gesundheit vollenden aber noch nicht den Begriff des Kulturmenschen; als harmonisch abschließend und aus den beiden eben genannten individuell verschiedenen Komponenten resultierend steht darüber die Sittlichkeit. Auch die Beeinträchtigung dieser bedeutet eine gesundheitliche Schädigung, weil sie die höheren Gefühle spontaner und reaktiver Art umfaßt, welche die Rücksichtnahme auf eigenes Wohlergehen und noch mehr auf dasjenige des Nächsten leiten. Die Führungsrolle hat hier das Schamgefühl, welches in gewisser Weise auf den körperlichen Gesundheitszustand alterierend einwirken kann. Wir wollen hier dasselbe nur unter Berücksichtigung der Klosettanlagen streifen. Wenn Klosetts in Küchen freistehend angebracht sind oder bei gemeinsamer Benützung einer Küche von zwei Familien nur ein gemeinsames offenes Klosett zur Verfügung steht, dann wird bei nicht völlig verrohten Menschen das Schamgefühl bei eintretendem Bedürfnis davon abhalten, das Klosett zu benützen, während am Kochherd Angehörige der eigenen oder der Nachbarfamilie beschäftigt sind, um so mehr, wenn der Geschlechtsunterschied in Frage kommt. Läßt die Mächtigkeit des natürlichen, eine Unterdrückung nicht zulassenden Bedürfnisses das Schamgefühl aus einfachen physiologischen Gründen unterliegen, so ist als Folge eine Schwächung und Abnahme desselben wohl erklärlich. Wird aber das Bedürfnis unterdrückt und wiederholt sich dieses Ereignis öfter, so ist als Folge die Trägheit des Darmes zu beobachten, welche besonders beim weiblichen Geschlechte sich geltend machen wird und so oft zu ernsten Gesundheitsstörungen Veranlassung gegeben hat.

Wir schließen hiermit die Beobachtungen über den Einfluß gesundheitswidriger Wohnungen auf die Bewohner, indem wir

entsprechenden Wohnungen auf die Gesundheit d. Bewohner. 63

gleichzeitig anerkennen, daß ein statistischer Nachweis über denselben hinsichtlich der Bedeutung der Luft, des Lichtes, der Geräuscheinwirkung, von Ungeziefer und hinsichtlich der Sittlichkeit nicht erbracht ist und auch nicht zu erbringen sein wird, dabei aber betonen, daß hierbei nicht nur ärztliche Erfahrungen und wissenschaftliche Beweise ausschlaggebend sind, sondern auch der gemeine Menschenverstand als hinreichend zu würdigen ist. Wir werden ferner unbedenklich zugeben, daß, wenn nicht nur die eine oder andere der in den vorhergehenden Abschnitten erwähnten Gesundheitswidrigkeiten in einer Wohnung auf die Bewohner einwirkt, sondern ein Zusammenwirken mehrerer oder vieler statt hat, dann der Einfluß um so nachteiliger und schädlicher sein wird.

Wenn ich nachstehend den Versuch mache, die in diesem Abschnitt zur Sprache gebrachten gesundheitswidrigen Ursachen und Wirkungen in Gestalt einer kurzen zusammenfassenden Übersicht darzustellen, bin ich mir wohl bewußt, daß dieselben wegen des Mangels sowohl umfassender Erfahrungen als auch erschöpfender wissenschaftlicher Begründung nur eine lückenhafte sein kann. Nichtsdestoweniger lasse ich dieselbe folgen.

Gesundheitsnachteilige Einwirkungen auf:

I. **Das Nervensystem:**
1. **Die Gehirnfunktion und geistige Energie:** Mangelndes Wohlbefinden, Unlust, Kopfschmerz, Benommenheit, Kopfdruck, Ohnmacht, schlechter Schlaf, ungenügende Ruhe, Abnahme geistiger Leistungsfähigkeit, gestörte Gedankenkonzentration, Nervosität, Nervenschwäche [durch schlechte Luft (Kohlensäure, Schwefelwasserstoff, Leuchtgas, Gaskalk, Anthropotoxine, Fäkalgestank usw.), Geräusche, Ungeziefer].
2. **Die Sinnesorgane:**
    a) Gehör (krankhaft erregende oder erschütternde Einwirkung durch disharmonische Geräusche, Entstehung von Mittelohrkatarrhen durch Erkältung, Infektionen).
    b) Gesicht (Schädigung durch mangelhafte Belichtung).
    c) Geruch (Erregung von Widerwillen und Ekel, durch unangenehm riechende und stinkende Luftverunreinigungen).
    d) Geschmack (Widerwillen und ekelerregende Veränderungen durch Niederschlagen von Dünsten auf den

Geruchsschleimhäuten, durch den Anblick kotiger Massen, von mit Ungeziefer verunreinigten Speisen, Abnahme der Eßlust, Beeinträchtigung der Ernährung).

e) **Gefühlsnerven** (Erschütterung durch Geräusche, Unlustgefühle durch Abkühlung oder übermäßige Wärme, erregende Wirkung durch zu trockene oder mit brenzlichen Stoffen beladene Luft, Neuralgien durch Erkältungen).

II. **Atmungsorgane**: Oberflächliche Atmung, bedrückendes Gefühl, Entstehung von Wucherungen im Nasenrachenraum und im Rachen, Katarrhe und sonstige Erkrankungen der Atmungswege (durch feuchte kalte oder warme Luft, Zugluft, Rauch, Staub, Mikroorganismen).

III. **Verdauungsorgane**: Übelsein, Ekel, Magendarmkatarrhe, infektiöse Erkrankungen (durch Geruchs- und Geschmacksalterationen, Erkältungen, Mikroorganismen, verdorbene Nahrungsmittel, Ungeziefer).

IV. **Blutsystem**: Störung der Blutbildung (durch schlechte Luft, Mangel an Licht, Feuchtigkeit, zu großen Wassergehalt der Luft, giftige Gase [Kohlenoxyd, Kohlensäure, Leuchtgas, Gaskalt, Anthropotoxine]).

V. **Störungen der Wärmeökonomie**: Erkältungskrankheiten (Rheumatismus der Muskeln, Gelenke, Nerven, Katarrhe der Luftwege, des Verdauungskanals) durch feuchte, kalte Luft, Zugluft, ungenügende Heizvorrichtungen. Fernwirkung auf das Herz!

VI. **Störungen des Stoffwechsels**: Besonders bei Kindern mit Beeinträchtigung der Entwickelung, Herabminderung der Widerstandsfähigkeit und Seuchenfestigkeit (schlechte verdorbene Luft, kalte oder zu warme feuchte Luft, Mangel an Licht usw.).

VII. **Störungen des anatomischen Bestandes** (Baufälligkeit).

VIII. **Beeinträchtigung der Sittlichkeit**

IX. **Entstehung und Begünstigung von Infektionskrankheiten** (infizierte Wohnungen), **Begünstigung der Infektion durch Verminderung der Seuchenfestigkeit.**

X. **Vergiftungen**: Arsen (Tapeten), Leuchtgas, Kohlenoxyd.

V.
Begutachtung gesundheitswidriger Wohnungen.

Für die Begutachtung gesundheitlich zweifelhafter Wohnungen kommen der im I. Abschnitt angeführte § 10 Teil II Titel 17 des Allgemeinen Landrechts (S. 3), ferner der § 544 (S. 6) und § 906 (S. 4) des Bürgerlichen Gesetzbuchs in Betracht. Der Sachverständige muß sich zunächst darüber ein Urteil bilden, ob die von der Nachbarschaft her auf eine Wohnung etwa in Gestalt von Rauch, üblen Gerüchen, Gasen, Dämpfen, Geräuschen, Erschütterungen und dergleichen erfolgenden Einwirkungen nur Belästigungen und sonstige Nachteile im Sinne des § 906 Bürgerlichen Gesetzbuchs oder Gesundheitsgefährdungen im Sinne des Allgemeinen Landrechts und des § 544 Bürgerlichen Gesetzbuchs darstellen. Da sich sichere Grenzen zwischen gesundheitlicher Benachteiligung und gesundheitlicher Gefährdung nicht ziehen und bestimmte Merkmale für dieselben nicht angeben lassen, wird die Beurteilung nicht immer leicht sein und nur von Fall zu Fall unter Berücksichtigung der jedesmaligen Umstände stattfinden können. Wir werden dazu die Tatsachen, Erfahrungen und Wahrscheinlichkeitsschlüsse, welche wir im III. und IV. Abschnitt diskutiert haben, zugrunde legen müssen, dabei aber daran festhalten, daß nicht nur Einwirkungen auf die anatomische und physiologische Unversehrtheit des Körpers in Rücksicht zu ziehen sind, sondern auch solche auf den seelischen Zustand und die geistige Leistungsfähigkeit, und daß die Folgezustände dieser Einwirkungen nicht nur unmittelbare zu sein brauchen, sondern auch mittelbare, nach kürzerer oder längerer Zeit erst in die Erscheinung tretende sein können.

Für das Einschreiten der Gesundheitspolizei im Sinne des Landrechts genügt der Nachweis einer bestehenden oder drohenden Gesundheitsgefahr. Eine Unterscheidung derselben etwa nach Stärke und Umfang ist nicht ausgesprochen. Ist überhaupt eine Gefährdung der Gesundheit unter den im IV. Abschnitt besprochenen Möglichkeiten vorhanden oder drohend, so ist die Voraussetzung aus § 10 Teil II Titel 17 Allgemeinen Landrechts und damit der Polizeibehörde die Handhabe zur Abhilfe gegeben. Dagegen verlangt der § 544 Bürgerlichen Gesetzbuchs nicht eine Gefährdung schlechthin, sondern eine erhebliche Gefährdung der Gesundheit, wenn das Mietsverhältnis ohne Einhaltung der Kündigungsfrist gelöst werden soll. Praktisch werden sich freilich bei der Begutachtung Differenzen zwischen Landrecht und Bürgerlichem Gesetzbuch kaum ergeben, da nach den Urteilen des Ober=Verwaltungsgerichts vom 27. Dezember 1882 und 15. Oktober 1894 (S. 4) die gesundheitlichen Nachteile oder Belästigungen von den Gesundheitsgefahren so wie so unterschieden werden müssen. Wo aber eine Gesundheitsgefahr durch das Gutachten in Übereinstimmung mit den Umständen des Falles erwiesen ist, da ist eben auch eine erhebliche Gefährdung der Gesundheit im Sinne des Bürgerlichen Gesetzbuchs anzunehmen. Wenn z. B. durch den dauernden Aufenthalt in einer feuchten Wohnung die Gefahr zu rheumatischen Erkrankungen gegeben ist, dann ergibt sich daraus im Hinblick auf die möglichen weiteren Folgezustände solcher und mögliches Siechtum auch die gegründete Annahme einer erheblichen Gefährdung der Gesundheit. Immerhin ist die Unterlage für die Polizeibehörde zur Abstellung gesundheitswidriger Wohnungszustände leichter und in weiterem Umfange zu beschaffen als für den Richter zur Anerkennung der Voraussetzungen des § 544. Der Sachverständige muß aber sowohl der Polizeibehörde wie dem Richter gegenüber den Standpunkt vertreten, daß nicht nur eine bereits eingetretene, sondern auch schon mit Sicherheit oder hoher Wahrscheinlichkeit drohende Gefahr die Gesundheit schädigen kann, und wird daher bei Erstattung des Gutachtens sich nicht kurzsichtig an den augenblicklichen Gesundheitszustand halten, sondern seinen Blick vorausschauend und rücksichtslos auf das fernere, durch den zeitigen Wohnungszustand etwa in Gefahr gebrachte Wohlergehen der Insassen richten. In einem gewissen Gegensatz hierzu erging ein Urteil des Ober=Landesgerichts zu Karlsruhe am 11. August 1902: „Voraussetzung des § 544 des Bürgerlichen Gesetzbuches ist, daß die Benutzung der Wohnung mit erheblicher Gefährdung der Gesundheit verbunden ist, daß die Gefahr für sie eine naheliegende, objektiv durch die Beschaffenheit der Wohnung, nicht durch subjektive Verhältnisse des Mieters begründete ist." Der Begriff des Naheliegens der Gefahr, welchen der § 544 nicht enthält, ist hier willkürlich dem Urteil zugrunde gelegt worden. Würde diese Auffassung in Richter=

Begutachtung gesundheitswidriger Wohnungen. 67

kreisen weiter um sich greifen, so würde gleichzeitig der hygienische Wert des § 544, welcher seit dem kurzen Inkraftsein des Bürgerlichen Gesetzbuchs schon vielfach fördernd und bessernd auf die Wohnungsverhältnisse eingewirkt hat, wieder eingeschränkt werden. Der Sachverständige muß an der Hand der Erfahrungen der Pathologie immer mit der Möglichkeit rechnen, daß sich aus anfangs und scheinbar harmlosen Krankheitszuständen schlimmere Folgen entwickeln können, welche nicht nur die Gesundheit und das Leben, sondern auch die Arbeits- und Erwerbsfähigkeit zu bedrohen geeignet sind. Wo immer eine solche Möglichkeit nicht auszuschließen ist, ist eine Gefährdung resp. erhebliche Gefährdung in dem Gutachten zum Ausdruck zu bringen.

Zu einer schiefen Beurteilung der einschlägigen Verhältnisse gelangt der Richter unter Umständen dadurch, daß er neben dem Hygieniker auch Angehörige des Bauhandwerks oder verwandter Handwerke als Sachverständige zuzieht, welche, ohne hierzu ihrer Ausbildung nach berechtigt zu sein, nicht selten zu Bekundungen über gesundheitliche Fragen sich herbeilassen und mit dem Brustton der Überzeugung, namentlich wenn es „alte erfahrene Meister" sind, das Urteil des Richters, welcher in diesen Dingen doch ebenso ein Laie ist wie jene selbst, beeinflussen. Ist es mir doch bei einem gerichtlichen Lokaltermine, in welchem es sich um die angeblich mißbräuchliche Benützung einer polizeilich wegen Feuchtigkeit und Schimmelbildung geschlossenen Wohnung durch den Mieter handelte, passiert, daß ein als Mitsachverständiger zugezogener Malermeister mit der Miene des Zweifels an der behaupteten Gesundheitsschädlichkeit erklärte, jede Wohnung ließe sich innerhalb 6 Wochen aus dem feuchten in den trocknen Zustand versetzen. Und der Richter schwieg hierzu still, ob überzeugt, zweifelnd oder ablehnend entzieht sich meiner Kenntnis. In gesundheitlichen Fragen kann nur der Arzt und Hygieniker vermöge seiner besonderen Vorbildung und Erfahrung maßgebend sein, eine Auffassung, welche man gewiß nicht anmaßend, sondern der natürlichen und unbeirrten Erkenntnis entsprechend finden wird. Wie würde man den Hygieniker ansehen, welcher sich z. B. über statische oder Konstruktionsverhältnisse gutachtlich auslassen wollte! Man würde ihn verwundert belächeln, während heutigen Tages ein jeder über gesundheitliche Fragen mitzusprechen sich für berechtigt hält.

Wir wollen nun die Begutachtung der in dem III. und IV. Abschnitt behandelten Wohnungsübelstände kurz besprechen und uns zunächst mit der Wohnungsluft befassen. Wenn in der nächsten Umgebung einer Wohnung, nicht nur kurze Zeit und vorübergehend, sondern länger dauernd und sich wiederholend Rauch entwickelt wird, gasige Emanationen aus gewerblichen Betrieben, üble Dünste und Gerüche, vielleicht spezifisch stinkende Gerüche (Pferde, Schweine) vorhanden sind, welche die Außenluft verderben, die Zufuhr frischer Luft unmöglich machen, ein Öffnen der Fenster und so die Lufterneuerung ausschließen, wenn die zugeführte Luft längere Zeit und regelmäßig viel Staub, Tierhaare und dergleichen enthält, dann werden wir unbedenklich eine Gesundheitsgefährdung anerkennen, und zwar auch eine erhebliche, weil Übelsein, Ekel, Brechneigung, Widerwillen gegen Speisen, Verdauungs- und Ernährungsstörungen, Kopfschmerzen, Reizungen und Katarrhe der Atmungsschleimhäute und ähnliche Erscheinungen dadurch verursacht werden können. Ebenso werden wir den Zutritt von Leuchtgas und der gasigen Emanationen (Schwefelwasserstoff) von Gaswässern beurteilen. Wird die Innenluft durch Gestank von Klosetts, Abortgruben und Ausgüssen, durch die gasigen Ausscheidungen von Fehlböden und die modrig-muffigen Emanationen von faulenden Schimmel- und Hausschwammvegetationen, durch Kochdünste und Rauchgase aus der Wohnung selbst, durch giftige Ausatmungen der Tapeten (Arsen), sowie durch reichliche Staubbildung von verwahrlosten Wänden und Fehlböden verunreinigt, häuft sich die verbrauchte Luft in niedrigen Räumen wegen ungenügender oder fehlender Möglichkeit zur Abführung an, so werden wir gleichfalls wegen Hervorrufung der verschiedensten Krankheitserscheinungen seitens des Nervensystems, der Atmungs- und Verdauungsorgane mit verminderter Leistungsfähigkeit eine erhebliche Gesundheitsgefährdung erblicken, besonders unter Berücksichtigung des Umstandes, daß die Entwickelung der Kinder hintangehalten und die Widerstandsfähigkeit und Seuchenfestigkeit geschmälert wird. Ist die eindringende Luft auch in der warmen Jahreszeit feuchtkalt oder die Zimmerluft wegen Undichtigkeiten an den Umfassungen der Räume, ungenügender oder fehlender Heizvorrichtungen im Winter nicht hinreichend (unter 10—12° C.) zu erwärmen, so müssen wir katarrhalische, rheumatische, überhaupt Erkältungskrankheiten befürchten, ebenso wie in Wohnungen mit

Begutachtung gesundheitswidriger Wohnungen. 69

weithin feuchten oder nässetriefenden Wänden. Sind die Heizanlagen so beschaffen, daß sie den Eintritt der Produkte unvollkommener Verbrennung (Kohlenoxyd) in die Stubenluft befürchten lassen, so werden wir eine Gefahr wieder als gegeben anerkennen, ebenso wie bei baulichen Mängeln, welche eine dynamische Einwirkung durch Einsturz oder Ablösung von Wand- und Deckenteilen oder durch Durchbruch von Dielen besorgen lassen. Sind übertragbare Krankheitskeime mit Sicherheit oder großer Wahrscheinlichkeit in der Wohnung zu vermuten, haust viel Ungeziefer darin, welches die Nachtruhe stört und Ekel erzeugt, ist die Verunreinigung der Räume, der Gebrauchsgegenstände, der Speisen von offen in Küchen stehenden Klosetts oder durch frei durch dieselben geleitete Abfallrohre mit Fäkalteilen möglich, so ist wiederum eine erhebliche Gefährdung hinreichend zu begründen. Sind die Wohnungen finster, entbehren sie des direkten Sonnenlichts, bilden sie so eine Stätte für Schmutz und Gedeihen von Mikroorganismen, so ist das Sehvermögen, die gesunde Entwickelung der Kinder, die Blutbildung und der Stoffwechsel gefährdet. Werden die Bewohner tagsüber von unerträglichen Geräuschen geplagt, welche eine gleichmäßige Beschäftigung nicht zulassen, zu Benommenheit, Schwindel, Kopfschmerzen, zunehmender nervöser Reizbarkeit und dergleichen führen, und nachts durch solche in der notwendigen Ruhe gestört oder am Schlafen überhaupt gehindert, dann ist auch dieser Zustand ein die Gesundheit erheblich gefährdender. Dasselbe trifft zu, wenn die ethische Gesundheit, die Sittlichkeit Schaden leidet, das Schamgefühl systematisch abgegraben wird, z. B. durch den Zwang, den Stuhlgang in Gegenwart anderer, vielleicht fremder und dem anderen Geschlecht angehöriger Personen verrichten zu müssen, wie bei offenen Klosetts in gemeinsamen Küchen.

Hinsichtlich der Einwirkung übelriechender Dämpfe auf die Gesundheit erstattete die Wissenschaftliche Deputation für das Medizinalwesen in Preußen am 28. Juni 1886 folgendes Gutachten, welches wegen seiner Wichtigkeit für die Beurteilung ähnlicher Fälle nachstehend ausführlich mitgeteilt wird:

„Die übelriechenden Dämpfe, welche zu den Beschwerden über die im Norden der Stadt C. gelegene Papierfabrik Veranlassung gegeben haben, entstehen bei der Rückgewinnung des Natrons, welches dazu gedient hat, aus dem zerkleinerten Holze die darin enthaltenen Harze und andere organische Bestandteile auszuziehen, um es auf diese Weise für die weitere Verarbeitung zu Zellulose und Papier geeignet zu machen. Die hierzu gebrauchte Natronlauge wird eingedampft und in den sogen. Soda=Ofen ausgeglüht, wodurch die aus dem Holze aufgenommenen Stoffe verjagt und so ein von neuem brauchbares Natron gewonnen wird. Früher behandelte man das Holz mit einer Natronlauge, aber in den letzten Jahren hat die Fabrik zu C. ebenso wie andere Zellulose=Papierfabriken an Stelle des Ätznatrons ein Gemisch von Schwefelnatrium und Ätznatron verwendet, weil sich dies für die Herstellung der Zellulose als vorteilhafter erwiesen hat. Erst seit dieser Änderung in dem Verfahren haben die Dämpfe, welche sich beim Abdampfen und Glühen des Natrons bilden, einen höchst unangenehmen Geruch gezeigt.

Nach den Untersuchungen des Chemikers Dr. B. bestehen die Dämpfe aus einem Gemisch von flüchtigen Körpern, welche schwefelhaltig und vermutlich deswegen so übelriechend sind. Eine genaue Bestimmung derselben hat nicht stattgefunden, und so muß es dahingestellt bleiben, ob sich darunter auch solche befinden, die zu den giftigen Gasen zu rechnen sind. Um aber ein Urteil über etwaige gesundheitsschädliche Eigenschaften dieser Dämpfe zu gewinnen, bedarf es in diesem Falle keiner genauen chemischen Analyse; denn da eine nicht geringe Anzahl von Menschen in der Fabrik und in deren nächster Umgebung lange Zeit hindurch der Einwirkung der Dämpfe ausgesetzt gewesen sind, so hätten sich bei denselben, wenn die Dämpfe einen unmittelbar schädlichen Einfluß auf die Gesundheit haben, irgend welche Krankheitserscheinungen zeigen müssen.

Wenn nun die Dämpfe auch keine eigentlich giftigen Eigenschaften haben, so liegen die Verhältnisse doch ganz anders in bezug auf die ekelerregende Wirkung derselben. Über diesen Punkt sind alle, die sich gutachtlich darüber geäußert haben, einig. Es wird von allen bestätigt, daß die Dämpfe einen widerlichen Geruch besitzen. Der Geruch ist so unangenehm, daß die nicht daran Gewöhnten gezwungen werden, die Fenster zu schließen, um die stinkenden Gase nicht in die Wohnungen bringen zu lassen.

Inwieweit das Eintreten von Übelkeit usw. bei außergewöhnlich empfindlichen Personen als eine Beschädigung der Gesundheit anzusehen ist, wollen wir hier unerörtert lassen. So viel steht aber

Begutachtung gesundheitswidriger Wohnungen.

fest, daß auch weniger empfindliche Menschen, soweit den Schilderungen des Regierungs-Medizinalrats Dr. v. M. und des Kreisphysikus Dr. L. zu entnehmen ist, sogar die Mehrzahl der Einwohner von C. dadurch am Genuß der frischen Luft verhindert wird.

Nun ist es aber eine feststehende und eines weiteren Beweises nicht bedürfende Tatsache, daß anhaltender Mangel reiner Luft nachteilig auf die Gesundheit wirkt, und überall ist man bestrebt, in voller Erkenntnis dieses Bedürfnisses den Menschen zur Erhaltung ihrer Gesundheit reine Luft in ausreichender Menge zuzuführen. Allerdings würde daraus, daß an einzelnen Tagen im Jahre, also nur eine verhältnismäßig sehr kurze Zeit, die Zufuhr reiner Luft behindert ist, noch nicht sofort eine wesentliche Gesundheitsbeschädigung die Folge sein. Aber wenn die freie Luft häufig so verunreinigt wird, daß man gezwungen ist, sich dagegen abzuschließen, dann kann es keinem Zweifel unterliegen, daß es sich nicht mehr um eine einfache Belästigung, sondern geradezu um eine Beschädigung der Gesundheit handelt. Dabei ist es ganz gleichgültig, ob die Zeitdauer der Luftverunreinigung mit 120 Tagen oder, wie Dr. H. will, mit 78 Tagen zu bemessen ist. Auch wenn das letztere Maß das richtige sein sollte, so geht es doch noch weit über das hinaus, was als zulässig gelten kann, ohne daß nachteilige Folgen für die Gesundheit daraus entstehen.

Es wird zwar noch viele Menschen geben, welche unter solchen Verhältnissen noch keine merkliche Einbuße an ihrer Gesundheit erfahren, aber Kinder, schwächliche Menschen und namentlich solche, welche an Ernährungsstörungen leiden, kurzum alle diejenigen, denen reichlicher Genuß reiner Luft zur Erhaltung ihrer Gesundheit unumgänglich notwendig ist, müssen dadurch Schaden leiden.

Derartige Rücksichten auf die Gesundheit sind es auch wesentlich gewesen, welche dazu geführt haben, daß durch die Gewerbeordnung die Anlage von Gewerbebetrieben, welche in ähnlicher Weise wie die Zellulose-Papierfabriken übelriechende Dämpfe produzieren, z. B. die Strohpapierstoff-Fabriken, von einer besonderen Genehmigung der Behörden abhängig gemacht werden, um von vornherein zu verhüten, daß die Umgebung solcher Fabriken geschädigt werde.

Daß die Zellulose-Papierfabriken in dem § 16 der Gewerbeordnung noch nicht unter den konzessionspflichtigen Gewerbebetrieben aufgeführt sind, hat nur darin seinen Grund, daß erst in neuester Zeit, nämlich seitdem statt des einfachen Natrons ein Gemisch von Natron und Schwefelnatrium verwendet wird, die Dämpfe dieser Fabriken eine so übelriechende Beschaffenheit angenommen haben."

An gleichen Grundsätzen hat auch das Ober-Verwaltungsgericht bis in die neueste Zeit festgehalten und mögen eine Anzahl Entscheidungen desselben, sowie des Reichs- und Kammergerichts nachstehend als brauchbarer Anhalt für die Begutachtung in ähnlichen Fällen Platz finden.

a) Belästigung durch Rauch und Ruß.

Eine erhebliche „Belästigung" durch Rauch berechtigt die Polizeibehörde nicht zum Einschreiten, sondern nur der Nachweis einer Gefahr für Leib, Leben und Gesundheit.
Urteil des Ober-Verwaltungsgerichts vom 27. April 1882.

Die Polizeibehörde darf nur gegen solche Belästigung durch Rauch und Ruß einschreiten, welche die Gesundheit der Nachbarn gefährdet.
Urteil des Ober-Verwaltungsgerichts vom 9. Juni 1900.

Die Polizeibehörde ist befugt, gegen übermäßige Rauchentwickelung einzuschreiten, falls dadurch die Gesundheit der Anwohner gefährdet wird.
Urteil des Ober-Verwaltungsgerichts vom 1. Oktober 1890 und 1. Mai 1895.

Die Polizeibehörde ist nicht berechtigt, Einrichtungen zu fordern, durch die jede Belästigung der Nachbarschaft durch Rauch abgestellt wird, sondern nur solche Einrichtungen, durch die eine Gefährdung der Gesundheit in der Nachbarschaft durch Rauch ausgeschlossen wird.
Urteil des Ober-Verwaltungsgerichts vom 9. Juni 1900.

Belästigung der Nachbarn durch Rauch.
Urteil des Reichsgerichts vom 6 April 1894.

„Vom Berufungsrichter ist irrtümlich außer acht gelassen, daß nach den Grundsätzen des Nachbarrechts diejenige Belästigung durch

Rauch, Geräusch oder in anderer Weise geduldet werden muß, die durch das Zusammenleben von Menschen an einem Orte gegeben und durch den regelmäßigen und ordnungsmäßigen Gebrauch der Nachbargrundstücke bedingt ist, so daß mit der actio negatoria nur die Störung abgewehrt werden kann, welche als übermäßige, das Maß des Erträglichen übersteigend anzusehen ist. Dieser Grundsatz beherrscht gleichermaßen alle einschlagenden Rechtsverhältnisse, wenngleich sich seine Anwendung in der Praxis des Lebens verschieden gestaltet, da stets auf die örtlichen Verhältnisse und konkreten Umstände Rücksicht zu nehmen ist, um im Einzelfalle bestimmen zu können, ob eine zur Beschwerde zugezogene Belästigung als übermäßig zu gelten hat oder als unvermeidliche und zu duldende Folge der Lebens- und Verkehrsverhältnisse des einzelnen Ortes, z. B. einer Fabrikstadt. Hiernach würde eine nach den örtlichen Zuständen von N. als geringfügig oder mäßig anzusehende Rauchbelästigung die Klage nicht begründen können; auch kann der durch die actio negatoria gegebene Rechtsschutz nur dahin Ausdruck finden, daß dem störenden Nachbar eine übermäßige Belästigung des Klägers verboten oder aufgegeben wird, solche Einrichtungen zu treffen, durch welche eine das Maß des Erträglichen übersteigende Belästigung abgestellt wird. Die Einführung bestimmter Erfindungen kann ihm im Rechtswege so wenig zur Pflicht gemacht werden, wie die Anlage von Vorrichtungen, durch welche alle und jede Belästigung des Nachbarn beseitigt wird."

b) Gesundheitsgefährdung durch übermäßige Stauberregung.

Gesundheitsgefährliche Stauberregung durch Teppichklopfen.

Urteil des Ober-Verwaltungsgerichts vom 17. März 1902.

„Nach der Bestimmung des § 10 Teil II Titel 17 des Allgemeinen Landrechts, auf die sich die angefochtene Verfügung und der Bescheid des Beklagten stützen, ist die Polizei befugt, die nötigen Anstalten zur Abwendung der dem Publiko oder einzelnen Mitgliedern desselben bevorstehenden Gefahr zu treffen. Sie konnte daher auch gegen eine die Gesundheit des Nachbarn gefährdende Erregung von Staub durch Teppichklopfen seitens des Klägers einschreiten. Die Verfügung vom 31. Mai 1901 verbietet ihm aber

‚die Tätigkeit des Ausklopfens von Teppichen, Läufern usw. an der beschriebenen Nachbargrenze, soweit dadurch eine über das Maß einer gewöhnlichen Haushaltung hinausgehende Staubentwickelung herbeigeführt wird'. Es bedarf aber einer weiteren Ausführung nicht, daß die Gesundheitsgefahr einer durch Teppichausklopfen hervorgerufenen Stauberregung für die Nachbarschaft nicht davon abhängig ist, ob die Grenze des gemeingewöhnlichen Maßes eingehalten oder überschritten wird. Ob die Staubentwickelung im einzelnen Falle für die Nachbarn gesundheitsgefährlich ist oder nicht, hängt offensichtlich von ganz anderen Umständen ab als davon, ob nicht mehr Teppiche geklopft werden, wie in Häusern gleicher Art und gleicher Lage üblich zu sein pflegt. Insbesondere kann die Bestimmung des § 906 des Bürgerlichen Gesetzbuchs für das Einschreiten der Polizei auch keinerlei analoge Anwendung finden, da sie lediglich die nachbarrechtlichen Beschränkungen des bürgerlichen Rechts regelt, während es hier nur auf das Vorliegen einer Gefahr für die Gesundheit der Anwohner ankommt. Für eine solche fehlt aber ein Anhalt, der als ausreichende Stütze für das polizeiliche Einschreiten erachtet werden könnte."

Hierzu ist zu bemerken, daß ein Anhalt für die Gesundheitsgefährdung sich unter dem Gesichtspunkte ergibt, daß der aus den Teppichen geklopfte Staub Krankheitserreger, z. B. der Diphtherie, enthalten kann, namentlich wenn die Teppiche aus Krankenzimmern stammen und während der Andauer von Epidemien.

Einer **Straßenbahngesellschaft**, die durch ihren Betrieb eine **vermehrte Staubentwickelung** erzeugt, kann die **Verpflichtung zur Besprengung der betreffenden Straßen** durch Polizeiverordnung rechtsgültig auferlegt werden.
Urteil des Kammergerichts vom 24. Juni 1901.

c) Gesundheitsgefährdung durch üble Ausdünstungen.

Wenn üble Gerüche die Luft so verpesten, daß die Anwohner gezwungen werden, die Fenster geschlossen zu halten, so ist hierin eine Gefährdung der Gesundheit zu sehen und die Polizei zum Einschreiten berechtigt, z. B. beim Lagern von **Fellen**, Häuten oder Knochen, Lumpen, Schweinshaaren oder Schweine-

Begutachtung gesundheitswidriger Wohnungen.

schuhen usw. auf einem Grundstück oder in Lagerräumen innerhalb einer bewohnten Ortschaft.

Urteile des Ober-Verwaltungsgerichts vom 28. Oktober 1886, 17. November 1892, 13. Dezember 1894, 12 und 16. Dezember 1895, 12. November 1896, 23. März und 25. Juni 1898, 4. November 1900, 27. Februar, 21. April und 29. Mai 1902

Berechtigung des polizeilichen Einschreitens gegen die Verbreitung der von einer Fabrik (Papier- bezw. Zellulosefabrik, Barytzuckerfabrik) oder Abdeckerei ausgehenden gesundheitsschädlichen Ausdünstungen.

Urteile des Ober-Verwaltungsgerichts vom 25. Oktober 1886, 27. Oktober 1890 und 17. Juni 1895.

Gesundheitsgefährliche Gerüche aus einer Porzellanfabrik, welche verdorbenes, stinkendes Öl zum Mischen der Rohmasse verwendet, das beim Brennen im Ofen unerträgliche Ausdünstungen veranlaßt.

Urteile des Ober-Verwaltungsgerichts vom 8. November 1899 und 9. Mai 1901.

Ein polizeiliches Einschreiten gegen auch von alters her bestehende gewerbliche Anlagen, sowie ein polizeiliches Verbot des Auskochens von Fett oder des Trocknens von Resten auf einer Abdeckerei wegen der dadurch entstehenden üblen Gerüche ist zulässig.

Urteile des Ober-Verwaltungsgerichts vom 16. April 1894, 4. Mai 1898, 13 Januar 1900 und 15. April 1901.

Berechtigung des polizeilichen Einschreitens gegen die durch üblen Käsegeruch von Käsehandlungen hervorgerufene Gesundheitsgefahr für die Mitbewohner des Hauses und die die Straße passierenden Personen.

Urteil des Ober-Verwaltungsgerichts vom 20. November 1893.

In demselben ist auf Grund eines Gutachtens des Medizinalkollegiums der Provinz Schlesien als unbedenklich angenommen, daß „eine Belästigung mit intensiven üblen Käsegerüchen" bei nervösen

Personen zu einer Gesundheitsbeschädigung führen kann, deren Abwendung durch Einschreiten der Polizeibehörde auf Grund des § 10 Teil II Titel 17 des Allgemeinen Landrechts und § 6 f. des Polizeiverwaltungsgesetzes vom 11. März 1850 gerechtfertigt erscheint.

Gesundheitsgefährdung durch einen Jauchekeller infolge der Unmöglichkeit des Lüftens in den nachbarlichen Wohnungen und des Eindringens übler Gerüche.
Urteil des Ober-Verwaltungsgerichts vom 6. Dezember 1901.

Die Polizei ist befugt, den Betrieb einer Schweinezüchterei und Mästerei, bezw. die mit einer Molkerei verbundene Schweinehaltung zu verbieten, wenn die dadurch entstehenden üblen Gerüche die Zufuhr reiner Luft in die benachbarten Wohnungen unmöglich machen und den freien Verkehr auf der Straße behindern.
Urteile des Ober-Verwaltungsgerichts vom 28. November 1895, 28. Juni 1896 und 27. Mai 1899

Statt des Verbotes eines Betriebes mit üblen Ausdünstungen kann die Polizei auch Einrichtungen fordern, wodurch diese Ausdünstungen verhindert werden.
Urteil des Ober-Verwaltungsgerichts vom 27. Mai 1899.

Gesundheitsgefährdende Luftverunreinigung durch die Ausdünstungen einer Brauerei.
Urteil des Ober-Verwaltungsgerichts vom 21. Oktober 1889

In diesem Falle wurde eine „Gesundheitsgefahr" auf Grund des nachstehenden Gutachtens des als Sachverständigen zugezogenen Geheimen Medizinalrats Professor Dr. Flügge in Breslau anerkannt:

„Die Frage, ob nun die teils beim Brauereibetrieb entstehenden, teils durch Zersetzung der Abwässer gelieferten Ausdünstungen und Luftverunreinigungen eine Gesundheitsgefahr für das Publikum oder nur Belästigungen für dasselbe bedingen, ist in folgender Weise zu beantworten: Die betreffenden Gase sind nicht etwa giftig oder imstande, spezifische Krankheiten hervorzurufen, aber sie erzeugen Ekelgefühl und beeinflussen die Atmung. Während eine reine Luft unwillkürlich zu tiefen Inspirationen und zu reichlicher Aufnahme von Luft anregt, verleiden übelriechende Beimengungen den Genuß der Luft grade so, wie ekelerregende, wenn auch unschädliche Zusätze die Aufnahme von Speisen absolut hindern. In der ungenügenden Atmung, wie sie in übelriechender Luft zustande kommt, liegt für längere Zeitdauer bereits eine entschiedene Beeinträchtigung unseres Wohlbefindens und unserer Leistungsfähigkeit. Ferner können aus der Änderung des Respirationstypus allmählich wahrscheinlich auch Störungen der Blutverteilung und der Ernährung resultieren, resp. es kann eine Krankheitsdisposition geschaffen werden. Es läßt sich hiergegen nicht der Einwand erheben, daß doch viele Menschen in übelriechender Luft dauernd ohne Gesundheitsstörung leben. Die instinktive Ekelempfindung ist bei verschiedenen Individuen sehr ungleich entwickelt. Gerade in der Umgebung der in Scheitnig projektierten Brauerei handelt es sich aber fast durchweg um Menschen, die in dieser Beziehung besonders empfindlich sind, und die nach Scheitnig gehen, resp. dort Wohnung beziehen, um zeitweise frischere, reinere Luft zu atmen, als sie ihnen die Stadt bietet: Menschen mit abnormer, sitzender Lebensweise, schwächliche Kinder, Rekonvaleszenten usw. Für diese ist das gelegentliche Atmen reiner Luft geradezu Bedingung für die Erhaltung oder Wiederherstellung ihrer Leistungsfähigkeit, und eine Verunreinigung der Scheitniger Luft bietet daher für dieses ganze Publikum wohl eine Gesundheitsgefahr, zumal kein anderer Teil der Peripherie der Stadt ihnen Ersatz zu bieten vermag. In gleicher Weise sind die Rekonvaleszenten und Kranken gefährdet, die in den großen klinischen Neubauten auf dem Maxgarten demnächst untergebracht werden. Auch diese sind erfahrungsmäßig besonders empfindlich gegen Verunreinigungen der Luft, und unter Aufwendung enormer Kosten werden daher die Kliniken mit Ventilationsanlagen versehen, welche den Kranken ständig reine, frische Luft zuführen sollen. Unter den obwaltenden Verhältnissen, bei dem Charakter der in Scheitnig verkehrenden und wohnenden Bevölkerung und angesichts der unleugbaren hygienischen Vorteile, welche die bisherige Reinheit der Scheitniger Luft zahlreichen Menschen geboten hat, muß ich daher die Frage, ob die Anlage der projektierten Brauerei eine Gesundheitsgefahr für das Publikum bedinge, mit ‚Ja' beantworten."

d) Gesundheitsgefährdung durch übermäßige Geräusche.

Nur die übermäßigen, das Maß des Erträglichen übersteigenden Störungen durch Geräusch sind abzuwehren, während solche als unvermeidlich zu dulden sind, die nach den örtlichen Betriebs- und Verkehrsverhältnissen (z. B. einer Fabrikstadt) geringfügig oder als mäßig anzusehen sind.

Urteil des Reichsgerichts vom 6. April 1894.

Befugnis der Polizei, das Behämmern von Eisenteilen in einer Schlosserei wegen des damit verbundenen intensiven Geräusches im Interesse der Gesundheit der Nachbarn zu verbieten.

Urteil des Ober-Verwaltungsgerichts vom 23. September 1895.

„Nach den übereinstimmenden Gutachten der Sachverständigen ist erwiesen, daß das von der Benutzung des Amboßes ausgehende Geräusch, was sich nach der Art seiner Einrichtung erklärt, wenn auch nicht das Leben, so doch die Gesundheit der Anwohner zu gefährden geeignet ist, allerdings, soviel den Gutachten zu entnehmen, nur für die Anwohner des W.schen Hauses und auch nur deshalb, weil dessen Haus mit Fenstern nach dem Boden des Klägers hin versehen ist. Es ist aber auch bei so beschränkter Wirkung des Geräusches anzuerkennen, daß die Ortspolizeibehörde über ihre Zulässigkeit nicht hinausgegangen ist. Es ergibt sich aus ihrer gemäß § 10 Titel 17 a. a. O. bestimmten Aufgabe, bevorstehende Gefahren für Leben und Gesundheit von dem Publikum und einzelnen Mitgliedern desselben abzuwenden, daß sie berufen war, den Betrieb des Amboßes zu untersagen, auch wenn die Wirkung des Geräusches nur das Leben und die Gesundheit der Anwohner des Nachbarhauses zu gefährden geeignet sein sollte. Danach trifft es nicht zu, daß die Ortspolizeibehörde dem Besitzer des Nachbargeländes zu überlassen hatte, die Abwehr der Einwirkungen des Geräusches von seinem Grundstück gegen den Kläger im ordentlichen Rechtswege zu verfolgen. Dies steht auch nicht im Widerspruch mit der Rechtsprechung des Ober-Verwaltungsgerichts. Die Klage gegen den Bescheid des Königlichen Oberpräsidenten war daher abzuweisen und dem Kläger die Kosten zur Last zu legen."

Gesundheitsgefährliches Geräusch, verursacht durch einen Gasmotor.

Urteile des Ober-Verwaltungsgerichts vom 13. Juni und 12. September 1902, sowie vom 12. Juni 1897.

„..... Wenn somit die Klage in diesem Punkte schon aus formellen Gründen zurückzuweisen ist, so sei doch bemerkt, daß sie auch bei sachlicher Prüfung keinen Erfolg gehabt hätte, weil die Polizeibehörden, abgesehen von der Frage, ob zwischen Privatpersonen ein im Zivilprozesse verfolgbarer Anspruch auf Beseitigung unzulässiger Immissionen vorliegt, gemäß § 10 Titel 17 Teil II des Allgemeinen Landrechts die Aufgabe haben, gegen Gesundheitsgefahr einzuschreiten (Entscheidungen des Ober-Verwaltungsgerichts Bd. XXIII S. 254, 268, Bd. X S. 264; Preußisches Verwaltungsblatt Jahrgang XI S. 374, XII S. 353, XIV S. 393), und der Physikus in seinem Gutachten, das auf eigenen Beobachtungen in dem F.schen Hause beruht und gegen dessen Richtigkeit durchaus keine Bedenken vorliegen, hervorhebt, das ununterbrochene gleichmäßige, puffende, laute Geräusch des Gasmotors müsse, selbst wenn es nur eine Stunde dauern sollte, einem nicht nervös beanlagten Menschen den Aufenthalt in der F.schen Wohnung unerträglich machen, für einen nervös veranlagten oder kranken Menschen werde es aber zur fürchterlichen Qual. Damit wird die Gesundheitsgefahr des beanstandeten Geräusches erwiesen......"

Befugnis der Polizei, gegen einen gewerblichen Betrieb (Tierklinik) einzuschreiten, welcher die Gesundheit der Nachbarn (Störung der nächtlichen Ruhe durch das Jammern und Bellen von Hunden, Schmieden von Hufeisen und Eisenteilen bei geöffneter Halle) schädigt.

Urteil des Ober-Verwaltungsgerichts vom 24. Juni 1899.

Gesundheitsschädliches Geräusch in einer Silberwarenfabrik.

Urteil des Ober-Verwaltungsgerichts vom 22. Februar 1899.

„........ Bei der Frage, ob eine Gesundheitsgefahr überhaupt vorliegt, ist das subjektive Empfinden der Anwohner sehr wohl mit zu berücksichtigen, denn die Polizei hat die Aufgabe, darüber zu wachen, daß das Zusammenleben und Zusammenwirken der Menschen nicht durch ungewöhnliche Geräusche und ähnliches unerträglich gemacht wird. Dabei sind nicht bloß gesunde, für starke Geräusche und Erschütterungen unempfindliche Naturen, sondern auch in ihren Nerven bereits geschwächte Personen zu berücksichtigen (Entscheidung des Ober-Verwaltungsgerichts Bd. XXIII S. 268 und Erkenntnis vom 11. Februar 1895, III 181). Daß eine Gesundheitsgefahr in diesem Sinne vom klägerischen Betriebe ausgeht, ist zweifelsfrei durch die bei den Akten befindlichen Gutachten festgestellt.

Das Gutachten des Kreisphysikus für den Stadtkreis D. vom 5. August 1897 spricht sich dahin aus, daß das im klägerischen Betriebe durch Hämmern erzeugte, überaus laute, weithin schallende, lärmende, hell klingende Geräusch, welches sich 100 mal und mehr in der Minute wiederholt und während der ganzen Betriebszeit zu hören sei, nervenzerrüttend wie für gesunde, so auch für nervenschwache, kranke und solche Personen, die bei derartiger Mißhandlung ihrer Gehörorgane zu geistiger Arbeit gezwungen seien, wirken müsse. Der Regierungs- und Medizinalrat Dr. M. begutachtete unter dem 4. Dezember 1897:

„In denjenigen Zimmern des Hauses Grafenberger Chaussee 93, welche der auf dem Nachbargrundstücke befindlichen Silberwarenfabrik zugekehrt sind, ist das beim Betrieb dieser Fabrik entstehende Geräuch deutlich zu vernehmen. Man hört ein dumpfes, ziemlich rhythmisches Pochen und ein hell klingendes Hämmern nicht nur bei geöffneten Fenstern, sondern auch bei geschlossenen. Wenn auch in letzterem Zustande die Geräusche erheblich schwächer sind, so sind sie doch immerhin so stark, daß sie auf die Dauer die Gesundheit eines Menschen, der eines dieser Zimmer zum ständigen Aufenthalt nehmen würde, zu schädigen wohl geeignet erscheinen müssen.

Nicht nur das Nervensystem eines bereits kranken Menschen, sondern auch das eines völlig gesunden und normal widerstandsfähigen kann durch die anhaltenden Geräusche wohl krankhaft beeinflußt werden. Eine mit geistiger Anstrengung verbundene Arbeit würde dauernd in dem betreffenden Zimmer schwerlich verrichtet werden können.

Ein Offenstehenlassen der Fenster, wie es zeitweise zum Zwecke der Lufterneuerung aus gesundheitlichen Gründen notwendig ist, muß in solchen Stunden, in welchen der Betrieb in der angrenzenden Fabrik aufgenommen ist, insbesondere wenn auch gleichzeitig die Fenster in der Fabrik teilweise geöffnet sind, als ganz untunlich erscheinen. Personen mit einem Nervensystem, daß ein derartiges Geräusch ohne Schaden vertragen könnte, dürfte es kaum geben, abgesehen von solchen, die berufsmäßig dem Betriebe selbst nahestehen.

Demnach muß ich mich dahin gutachtlich äußern, daß das durch den Betrieb der Silberwarenfabrik des Herrn A. B. verursachte Geräusch geeignet ist, die Gesundheit der Bewohner des dem Herrn B. gehörigen Nachbarhauses zu beschädigen.

Der beklagten Behörde fehlte es demnach nicht an den erforderlichen tatsächlichen Voraussetzungen für ihr Einschreiten und die Klage ist vom Vorderrichter mit Recht abgewiesen worden......"

Gesundheitsgefährdender Lärm einer Kartenschlägerei in Fabrikorten.
Urteil des Ober-Verwaltungsgerichts vom 10. November 1897.

„Durch die mit Klage angefochtene Verfügung der beklagten Polizeiverwaltung vom 8. Mai 1896 war dem Kläger der Betrieb der Kartenschlägerei im ersten Stockwerk seines Hauses, weil er für die Anwohner mit Gesundheitsgefahr verbunden sei, bei Vermeidung einer Exekutivstrafe von 30 Mark untersagt worden, mit dem Hinzufügen, daß dem Betriebe des genannten Gewerbes im Erdgeschosse oder zwar in demselben Zimmer des ersten Stockwerks, aber nach Herstellung gewisser Schutzvorrichtungen polizeiliche Bedenken nicht entgegenständen. Der Erfolg des vom Kläger gegen das die Klage abweisende Erkenntnis des Bezirksausschusses eingelegten Rechtsmittels der Berufung hängt davon ab, ob der Gewerbebetrieb in der Tat für die Nachbarschaft gesundheitsgefährlich ist. Der Gerichtshof nimmt dies auf Grund des Gutachtens des Medizinalrats und des Gewerberats der Königlichen Regierung vom 22. Juli 1896, dessen Wortlaut in der Vorentscheidung mitgeteilt ist, unbedenklich an, da das klappernde Geräusch des klägerischen Maschinenbetriebs auf jeden Menschen einen unangenehmen, ruhestörenden Einfluß ausübt und auf nervöse und leidende Personen gesundheitsgefährlich wirkt. Damit war die Voraussetzung für das Einschreiten der

Polizei gegeben. Wenn der Kläger dagegen einwendet, das Reichsgericht gehe bei Anwendung der zivilrechtlichen Grundsätze der actio negatoria davon aus, daß in Fabrikorten jeder Grundbesitzer das Maß von Belästigung durch Lärm (und Rauch) zu dulden habe, das nach den örtlichen Verhältnissen pflege ertragen zu werden und das mit dem Fabrikbetrieb unvermeidlich verbunden sei, so ist dagegen einzuwenden, daß das Reichsgericht gegen unerträgliche Einwirkungen auf das Nachbargrundstück auch zivilrechtlichen Schutz gewährt, und das Ober=Verwaltungsgericht ebenfalls bei der Frage, ob die Einwirkungen eines Betriebs auf das Nachbargrundstück das polizeiliche Maß des Zulässigen und Gewöhnlichen überschreiten, den örtlichen Verhältnissen gerecht wird. Die letzteren können aber dann nicht ausschlaggebend sein, wenn die Einwirkungen der Nachbarn durchaus unerträglich sind und gesundheitsschädlich wirken."

Die Polizeibehörde ist berechtigt zum Einschreiten wegen übermäßigen Geräusches, erzeugt durch:

Tischlerei mit Maschinenbetrieb.
Urteile des Ober=Verwaltungsgerichts vom 26. September 1892, 6. November 1897 und 28. Mai 1903.

Sägewerk.
Urteil des Ober=Verwaltungsgerichts vom 11. Februar 1895.

Klopf= und Schleifmaschinen.
Urteile des Ober=Verwaltungsgerichts vom 12. November 1898 und 4. Oktober 1899.

Abladen und Bearbeiten von eisernen Schienen, T=Trägern usw.
Urteile des Ober=Verwaltungsgerichts vom 23. März 1893, 16. Mai 1895, 7. Februar, 9. Mai und 7. November 1900.

Klempnerei, Feilenhauerei, Schmiede oder Schlosserei.
Urteile des Ober=Verwaltungsgerichts vom 20. September 1886, 11. Februar und 15 Juni 1894, 23. September 1895, 26. Juni 1897, 12. November 1897 und 4. März 1899.

Klopfen von Teppichen.
Urteile des Ober=Verwaltungsgerichts vom 11. Dezember 1890 und 17. März 1902.

Begutachtung gesundheitswidriger Wohnungen.

Das erstere lautet auszugsweise:

„. . . . . § 10, II 17 A. L.-R. schließt keineswegs ein polizeiliches Einschreiten zum Schutze solcher Personen, deren Gesundheitszustand kein normaler ist, aus. Durch das Gutachten des Medizinalkollegiums ist erwiesen, daß das im Sommer von früh bis abends nach den eigenen Angaben der Kläger jährlich an „höchstens 40 Tagen" zur Ausführung gelangende Klopfen von Pelzwerk auf dem Dache des „inmitten der Stadt Kassel belegenen Hauses G.-Str. Nr. 24" für nervös reizbare Personen in hohem Grade belästigend und bis zu krankhafter Höhe aufregend, also gesundheitsgefährlich ist. Ob solche Personen gerade jetzt in der Nähe des gedachten Hauses wohnen, ist nicht erheblich, denn bei der weiteren Verbreitung nervöser Zustände kann jederzeit der Fall eintreten, daß sich unter den Bewohnern der Nachbarhäuser Personen finden, welche an solchem Zustande leiden."

Die Polizeibehörde ist berechtigt, auf Grund des § 10 Teil II Titel 17 des Allgemeinen Landrechts den lärmenden nächtlichen Betrieb einer Rotationsmaschine in einer Druckerei, die Benutzung einer Kegelbahn nach 10 Uhr abends, sowie Musikaufführungen, Blasen von Blechinstrumenten usw. zu untersagen, wenn dadurch die Nachtruhe und das gesundheitliche Wohlbefinden des Publikums in erheblicher Weise gestört wird.

Urteile des Ober-Verwaltungsgerichts vom 9. Januar und 22. Juni 1896, 2. Juli 1897, 24. Juni 1899 und 10. Oktober 1900.

In dem letzteren Urteile heißt es:

„Bei den gesteigerten Anforderungen, die das heutige Erwerbs- und Verkehrsleben an die Kräfte und die Gesundheit der Menschen, zumal in größeren Städten stellt, ist die tunlichste Sicherung der Nachtruhe gegen lärmende Geräusche ein dringendes Erfordernis im Interesse der Gesundheit. Es kann auch nicht darauf ankommen, ob durch das Geräusch einzelne Nachbarn nicht in ihrem Schlaf gestört werden. Es genügt vielmehr, daß dies bei zahlreichen anderen, weniger widerstandsfähig veranlagten Personen der Fall ist. Endlich läßt sich auch dagegen eine begründete Einwendung nicht erheben, daß als Zeitpunkt für die Beendigung des Handelns 10 Uhr abends festgesetzt worden ist, da diese Stunde auch heute noch in weiten Kreisen die für den Beginn der Nachtruhe maß= gebende ist."

Die Polizei kann wegen übermäßigen Geräusches auch dann einschreiten, wenn sich in dem betreffenden Gebäude oder dessen Nachbarschaft noch keine nervösen Personen befinden, deren Gesundheit gefährdet werden könnte.
Urteil des Ober=Verwaltungsgerichts vom 7. Februar 1900.

Als Maßstab für die Erträglichkeit von Geräusch= einwirkungen ist das Empfinden des normalen Durch= schnittsmenschen anzusehen. Rechtsanspruch auf Unter= lassung von Geräusch wegen Schlafens bei offenem Fenster besteht nicht.
Urteil des Reichsgerichts vom 30 April 1904.

„Der vorliegende Rechtsstreit dreht sich hauptsächlich um die Frage, ob als Maßstab für die Erträglichkeit der Geräuscheinwirkungen lediglich das Empfinden völlig gesunder Menschen anzunehmen ist oder ob dabei auch nervös veranlagte und erkrankte Personen zu berücksichtigen sind. Im Gegensatz zum I. R., der die erstere Auf= fassung vertreten hat, entscheidet sich der B.=R. für die letztere Alternative, indem er dabei insbesondere auf die Angabe des einen ärztlichen Sachverständigen Gewicht legt, der nach den Erfahrungen seiner 22jährigen Beobachtung ein Viertel der erwachsenen Dort= munder Bevölkerung als nervös in dem Sinne, daß sie durch das in Rede stehende Maschinengeräusch in ihrer Nachtruhe gestört werden, bezeichnet. Der hiergegen gerichtete Revisionsangriff ist begründet. Wie der erkennende Senat bereits in dem Urteile vom 3. Februar d. Is. ausgesprochen hat, kommt es bei Beurteilung des Maßes der zulässigen Einwirkung, die ein Grundstückseigentümer sich von seinem Nachbar gefallen lassen muß, auf das Empfinden eines normalen Durchschnittsmenschen an, da sonst die Entscheidung von wechselnden persönlichen Verhältnissen abhängen, also für die ohnehin schwierige Bestimmung der Grenzen des Erlaubten jeder objektive Maßstab fehlen würde. Mit dieser Rechtsauffassung, an der fest= zuhalten war, setzt sich der B.=R. in Widerspruch, indem er auch die Bedürfnisse kranker und nervöser Personen berücksichtigt wissen

will. Desgleichen ist seine weitere Annahme, daß gesunde Personen, die nachts bei offenem Fenster zu schlafen pflegen, einen Rechts=
anspruch auf Beachtung dieser Gewohnheit von seiten des Nachbars haben, nach dem Dargelegten nicht haltbar. Insoweit war daher das B.=U. aufzuheben und durch eine anderweite Fassung, die die Unstatthaftigkeit einer Berücksichtigung jener dem normalen Durch=
schnittsmenschen fremden Interessen zum Ausdruck bringt, zu ersetzen."

Juristische Wochenschrift 1904, Nr. 48—50.

Die Polizeibehörde ist im Interesse der Gesundheit, öffent=
lichen Ruhe und Ordnung befugt anzuordnen, daß Musik=
aufführungen nur bei geschlossenen Fenstern und Türen stattfinden.

Urteil des Ober=Verwaltungsgerichts vom 23. Oktober 1897.

Eine Polizei=Verordnung, durch die das Musizieren bei offenem Fenster verboten wird, ist gültig.

Urteil des Kammergerichts vom 24. Februar 1898.

Grenzen der Befugnisse der Polizeibehörden in bezug auf Untersagung lärmenden Geräusches (durch ein Orchestrion).

Urteil des Ober=Verwaltungsgerichts vom 2. April 1903.

„Ein Verbot auf Grund des § 10 Tit. 17 T. II des A. L.=R. darf allerdings, wie es das Oberverwaltungsgericht wiederholt aus=
gesprochen hat, schon erfolgen, wenn das auf einem Grundstück verursachte Geräusch nur die Gesundheit nervöser Personen ge=
fährdet, und wenn auch zunächst bloß die Gesundheit eines einzelnen Nachbarn getroffen wird. Die Klage gegen ein derartiges Verbot kann ferner noch nicht deshalb Erfolg haben, weil nachträglich Vor=
kehrungen zur Verringerung des Geräusches getroffen worden sind. Auf der anderen Seite aber durfte, da nach dem § 10 Tit. 17 T. II A. L.=R. die Polizei nur die nötigen Anstalten zu treffen hat, dem Kläger nicht mehr aufgegeben werden, als zur Beseitigung der Gesundheitsgefahr erforderlich war. Nach der Augenscheinnahme steht fest, daß das Orchestrion des Klägers nicht groß ist und im

Vergleiche zu anderen derartigen Instrumenten keinen ungewöhnlich lauten Ton hat; die Tonstärke entspricht aber der eines hart angeschlagenen Klaviers, die Anschläge der großen Trommel sind dem allgemeinen Tongeräusch angepaßt und treten nicht übermäßig hervor. Es liegt auf der Hand, daß die Benutzung eines solchen Instruments **nicht unbedingt und ohne weiteres** mit gesundheitsgefährlichem Geräusche verbunden, dies namentlich dann nicht immer der Fall ist, wenn das Orchestrion bloß zeitweise und in Zwischenräumen, sowie nur bei Tage, also ohne Störung der Nachtruhe spielt. Die Beklagte ist hiernach über die im § 10 ihr eingeräumte Befugnis hinausgegangen, indem sie dem Kläger schlechthin und ohne jede zeitliche Einschränkung verboten hat, das Orchestrion ohne polizeiliche Erlaubnis in Betrieb zu setzen. . . . . Die angefochtene Verfügung war demnach aufzuheben. Der Beklagten bleibt überlassen, wenn sie annimmt, daß das Orchestrion in einer übermäßigen Weise betrieben wird, welche trotz der inzwischen getroffenen, den Schall dämpfenden Einrichtungen gesundheitsgefährlich ist, gegen dieses gesundheitsgefährliche Übermaß von neuem verbietend einzuschreiten."

Andererseits erging folgendes Urteil des **Ober-Verwaltungsgerichts vom 2. Mai 1904: Gesundheitsgefährdendes Geräusch durch Orchestrion:**

I. Nach § 10 Titel 17 Teil II des Allgemeinen Landrechts, der, wie der Gerichtshof in gleichmäßiger Rechtsprechung angenommen hat, seinem Inhalte nach auch in der Provinz Hannover gilt, ist es das Amt der Polizei, die nötigen Anstalten zur Erhaltung der öffentlichen Ruhe, Sicherheit und Ordnung und zur Abwendung der dem Publiko oder einzelnen Mitgliedern desselben bevorstehenden Gefahr zu treffen. Es kommt also im vorliegenden Fall zunächst darauf an, ob durch das mit dem Spiel des klägerischen Orchestrions verbundene Geräusch nach seiner Art und Dauer zur Zeit des Erlasses der polizeilichen Verfügung die Gesundheit der Anwohner gefährdet wurde. Und zwar genügt es, wie der Gerichtshof bereits wiederholt ausgesprochen hat, zum Einschreiten der Polizei, wenn auch nur die Gesundheit bereits nervöser Personen gefährdet wird, da die Nervosität gegenwärtig ein weitverbreitetes Leiden ist, und ferner, wenn auch zunächst bloß die Gesundheitsschädigung einer einzelnen Person in Frage steht.

Der Bezirksausschuß hat die Gesundheitsgefährdung der Nachbarn des klägerischen Lokals nach seiner eingehenden Beweisaufnahme, und nachdem er selbst an Ort und Stelle von der Art und Stärke des von dem klägerischen Orchestrion verursachten Geräusches Kenntnis genommen hatte, bejaht. Dem kann nur beigetreten werden.

Die von dem Berufungskläger gegen die Vorentscheidung erhobenen Angriffe treffen zunächst in keiner Weise zu. Nicht nur der Zeuge K. und dessen Ehefrau haben unter dem geleisteten Eide die Störung der Nachtruhe und die gesundheitschädigende Wirkung des andauernden lärmenden Geräusches bekundet, sondern nach der eidlichen Aussage des Zeugen W. sind auch zwei bei ihm wohnende ältere Damen durch das Spielen des Orchestrions sehr belästigt und in ihrer Nachtruhe gestört worden. Und der Zeuge Br. schließt seine eidliche Aussage mit dem Bemerken: „Wir sowohl wie unsere Mieter sind der Ansicht, daß dem Kläger aufgegeben werden müßte, nur bei geschlossenen Fenstern und nicht später als 10 Uhr abends spielen zu lassen; dann würde die Belästigung ganz gut zu ertragen sein." Gegen diese beiden Zeugen sind aber vom Kläger keinerlei Einwendungen erhoben worden. Danach erweist sich sein Versuch, die Sache so hinzustellen, als wenn die Polizei lediglich infolge unbegründeter und auf persönlicher Feindschaft beruhender Beschwerden des Zeugen K. eingeschritten wäre, schon nach den Zeugenaussagen als verfehlt. Entscheidend aber fällt das eingehend begründete und auf persönliche Wahrnehmungen gestützte Gutachten des mit den örtlichen Verhältnissen durchaus vertrauten Sachverständigen, Regierungs- und Medizinal-Rats Dr. Gr. ins Gewicht. Dieser Gutachter, dem der betäubende Lärm des Orchestrions schon früher gelegentlich des Vorbeigehens bei der klägerischen Wirtschaft regelmäßig aufgefallen war, gelangt auf Grund der von ihm an Ort und Stelle angestellten eingehenden Untersuchungen zu dem Ergebnis, „daß der ohrenbetäubende Lärm für jeden, der denselben stundenlang anzuhören gezwungen ist, direkt gesundheitsschädlich wirkt". Bei Fortbetrieb des Instruments in die Nachtzeit hinein mache das Musikgetöse es der nächsten Nachbarschaft direkt unmöglich, Ruhe und Schlaf zu finden. Der Schluß des Gutachtens lautet: „Im gesundheitlichen Interesse halte ich es für geboten, das Spiel nur an einigen wenigen Stunden über Tag zu gestatten und nur unter den Bedingungen, daß die lautdröhnenden Begleitinstrumente dauernd ausgeschaltet bleiben, daß die den Schall dämpfenden Verschlußladen an dem Instrument verschlossen bleiben und daß für dauerndes Geschlossenbleiben der Türen und Fenster des Wirtslokals während der Spielzeit Sorge getragen wird". Zu wesentlich den gleichen Ergebnissen kommt auch das vor Erlaß der angefochtenen Verfügung seitens des Stadtarztes an die Polizeidirektion erstattete Gutachten. Auch dieser Sachverständige betont, „daß, solange das Instrument spiele, in den gegenüberliegenden Räumen des K.schen Hauses an ruhigen, ungestörten Schlaf kaum zu denken sei, und daß es für einigermaßen sensibel veranlagte Personen — und auch auf diese müsse doch Rücksicht genommen werden — auch gesundheitsschädlich wirken müsse, wenn sie gezwungen seien, am Tage fortwährend die grellen Töne des Instruments anzuhören. Könne das Orchestrion nicht so aufgestellt werden, daß die Musik nicht nach außen schalle, so müsse die Spielzeit mindestens auf höchstens einige Stunden des Tages beschränkt werden".

Auf Grund dieses Ergebnisses der Beweisaufnahme hat der Gerichtshof das Vorhandensein einer Gesundheitsgefahr bejaht und den Antrag des Berufungsklägers, in eine weitere Beweisaufnahme, insbesondere über das Verhalten des Zeugen K. gegenüber dem Kläger und dessen Geschäftsvorgängern einzutreten, abgelehnt, weil es auf die unter Beweis gestellten Punkte für die zur Entscheidung stehende Frage nach der Lage der Sache überhaupt nicht weiter ankommt. Es mag auch bemerkt werden, daß, wenn K., wie Kläger behauptet, niemals Klagen geäußert hat, solange der Kläger das Brot von ihm bezog, hieraus nicht folgt, daß seine jetzigen Beschwerden unbegründet sind, da er sehr wohl aus Geschäftsinteresse Übelstände geduldet haben kann, die er sich sonst nicht würde haben gefallen lassen. Ebensowenig vermag der Umstand, daß er bisher keinen Arzt zugezogen haben soll, gegen den gesundheitsschädlichen Einfluß des Geräusches des Orchestrions etwas zu beweisen, da er die Beseitigung der Gesundheitsbeschädigung nicht von ärztlichen Maßnahmen, sondern nur von dem Aufhören des Geräusches erwarten konnte. Auch ist es keineswegs Voraussetzung für das polizeiliche Einschreiten, daß eine Gesundheitsbeschädigung bereits eingetreten ist; Amt der Polizei ist es vielmehr, bevorstehende Gefahren abzuwenden.

Begutachtung gesundheitswidriger Wohnungen.

Wenn der Berufungskläger noch geltend macht, daß gleiche Musikinstrumente auch in einer Reihe anderer Schanklokale verwandt würden, ohne daß die Polizeiverwaltung bisher dagegen eingeschritten sei, so kann auch hieraus gegen die Berechtigung der angefochtenen Verfügung nichts gefolgert werden. Denn es liegt auf der Hand, daß die Wirkung des Geräusches eines Orchestrions wesentlich durch die Belegenheit der Örtlichkeiten und die Art seiner Aufstellung und Benutzung beeinflußt wird. Es kann so aufgestellt sein, daß die Nachbarschaft durch das Geräusch nicht einmal belästigt, geschweige denn in der Gesundheit geschädigt wird, und in solchen Fällen fehlt es an jeder Grundlage für das polizeiliche Einschreiten. Wenn die Beklagte sich deshalb nach ihrer unwidersprochenen Angabe darauf beschränkt hat, nur da einzuschreiten, wo Beschwerden der Nachbarschaft hervorgetreten sind, so kann daraus in keiner Weise entnommen werden, daß ihr Vorgehen, weil es nicht gegen alle Besitzer solcher Instrumente unterschiedlos erfolgt sei, auf Willkür beruhe.

II. Die von der Polizeiverwaltung in der angefochtenen Verfügung dem Kläger auferlegten Beschränkungen in der Benützung des Instruments gehen aber ferner auch nicht über das nötige Maß (§ 10 Titel 17 Teil II Allgemeinen Landrechts) hinaus. Die Hauptgeschäfts- und Besuchszeit für die Gast- und Schankwirtschaften ist erfahrungsgemäß die Mittags- und die Abendzeit. Dies ist in der Verfügung, die mittags $1^1/_2$ Stunden und abends 3 Stunden für das Spiel frei läßt, ausreichend berücksichtigt worden. Daß die Benützung des Instruments nach 10 Uhr abends, also vom Beginn der nächtlichen Ruhezeit ab verboten ist, rechtfertigt sich ohne weiteres. Während der Tageszeit mehr als die Mittags- und Abendstunden freizustellen, würde ferner den Äußerungen der beiden Gutachter, welche die Beschränkung des Spiels „auf einige wenige Stunden über Tag" für geboten erachten, nicht entsprochen haben. Ebenso steht die Auflage, während des Spiels die Fenster und die ins Freie schließenden Türen geschlossen zu halten, in Übereinstimmung mit der ausdrücklichen Forderung des Sachverständigen Gr. Der Einwand, daß alsdann die erforderliche Lüftung des Lokals nicht möglich sei, ist verfehlt, da nichts hindert, das Instrument ruhen zu lassen, so oft und solange die Öffnung der Fenster zum Zweck der Lüftung erfolgen soll. Ebenso unbegründet ist der Einwand, daß die Anordnung das Aus- und Eingehen der Gäste unmöglich mache.

Denn verboten ist nur das Offenhalten der Türen während des Spiels, keineswegs aber das vorübergehende Öffnen derselben zur Ermöglichung des Verkehrs. Wenn endlich in der Verfügung die Zurücknahme der Anordnung davon abhängig gemacht wird, daß Vorkehrungen getroffen werden, wonach die Orchestrionmusik nicht nach außen schallt, so bedeutet dies ebenfalls nicht, daß überhaupt kein Laut nach außen bringen dürfe, sondern nur, daß das Geräusch des Instruments durch die Art der Aufstellung oder sonstigen Vorrichtung derart abgeschwächt werden müsse, daß es keinerlei schädigende Wirkung nach außen mehr verursachen könne.

Die Verfügung verlangt daher nicht mehr, als im Interesse der Anwohner nötig ist.

e) Kälte, Feuchtigkeit.

Negatorienklage zur Abwendung schädlicher Einwirkungen einer Eiskelleranlage (Kälte, Feuchtigkeit).

Urteil des Königlichen Ober-Landesgerichts zu Dresden vom 28. Oktober 1898

„Vorbemerkung: Der Kläger hatte behauptet, daß die beklagte Aktienbrauerei durch den Betrieb ihres an die westliche Giebelmauer seines Wohngebäudes anstoßenden Eishauses die Ursache dafür liefere, daß Feuchtigkeit in seinem Hause auftritt. Einerseits führte, wie er behauptete, die Undichtigkeit des Fußbodens der einen Eishausabteilung dazu, daß Schmelzwasser durchsickert und in sein Mauerwerk eindringt; andererseits sollte die abkühlende Einwirkung der Eishaustemperatur daran schuld sein, daß sich im Innern des Wohnhauses Feuchtigkeitsniederschläge bildeten. Deshalb verlangte der Kläger, daß die Beklagte entweder ihr Eishaus ganz beseitige oder doch Vorkehrungen treffe, die die schädlichen Einwirkungen auf sein Wohnhaus ausschließen. Die Beklagte bestritt, daß die behauptete Immission stattfinde. Nach ihrer Gegendarstellung hielt sich das Haus des Klägers deshalb feucht, weil aus den Schluchten und Spalten des Felsgesteins, in dessen Nähe es errichtet ist, Wasser hervorquoll und den Umfassungsmauern des nicht unterkellerten Hauses sich mitteilte.

Auf Grund der erhobenen Beweise wurde die Beklagte verurteilt, Vorkehrungen dahin zu treffen, daß von dem im Eishause lagernden Eise keine Kälte und kein Schmelzwasser mehr in des Klägers Wohnhaus hinüberbringe.

Entscheidungsgründe.

Der Sachverständige L. legt in seinem Gutachten überzeugend dar, daß das Eishaus der Beklagten in gefülltem Zustande auf die Kammerwand im Erdgeschosse des klägerischen Hauses abkühlend einwirke, und daß infolgedessen an dieser Wand Feuchtigkeitsniederschläge auftreten, so oft die Wandtemperatur den Taupunkt der Zimmerluft erreicht oder unterschreitet. Zu diesem Ergebnisse gelangt der Sachverständige auf Grund zahlreicher Messungen, welche die Temperaturdifferenzen zwischen der isolierenden Luftschicht am Eishause und der Wandtemperatur im Wohnhause nachweisen. Daraus ersieht man, daß bei gefülltem Eishause sehr erhebliche Unterschiede vorliegen, die einen starken Wärmeaustausch hervorrufen und im Sommer, oder wenn im Zimmer geheizt wird, zu Feuchtigkeitsniederschlägen führen. Die Isolierung des Eishauses ist demnach eine ungenügende usw. usw.

Einen weiteren nachteiligen Einfluß auf des Klägers Grundstück übt der Betrieb des Eishauses insofern, als Schmelzwasser aus der oberen Kellerabteilung in des Klägers Mauerwerk durchsickert usw. usw.

Bei den vorstehenden Beweisaufnahmen ist berücksichtigt, daß nach den erhobenen Gutachten der Sachverständigen das Eishaus nicht die alleinige Ursache der Feuchtigkeitserscheinungen bilden mag. Näher braucht jedoch auf diese Frage im vorliegenden Prozesse nicht eingegangen zu werden, weil immerhin nachgewiesen ist, daß Immissionen vom Eishause her stattfinden, die der Kläger sich, auch wenn sie nur als mitwirkende Ursache der Feuchtigkeit seines Hauses in Betracht kämen, als Übergriff in seine Rechtssphäre nicht gefallen zu lassen braucht. Zu ihrer Abwehr berechtigt ihn die Vorschrift in § 359 B. G.-B. Ist auch unter den dort genannten baulichen Anlagen die Errichtung eines Eishauses nicht ausdrücklich erwähnt, so entspricht doch der vorliegende Tatbestand dem leitenden Gedanken des Gesetzes. Aus dem Zusatze ‚und ähnliche Anlagen' ergibt sich unmittelbar, daß die im Paragraphen genannten Fälle nur Beispiele der Anwendung sein sollen, und daß eine sinngemäße Anwendung auf ähnliche Fälle nicht ausgeschlossen sein soll. Im vorliegenden

Falle läßt sich die Wirkung, die der durchlässige Fußboden des Eiskellers auf des Klägers Grundstück ausübt, passend vergleichen mit dem vom Gesetze gewählten Beispiele eines undichten Röhrkastens, und der Wärmeabfluß, den die niedere Temperatur in der nächsten Umgebung des Eishauses hervorruft, findet seine Parallele in den physikalischen Wirkungen eines geheizten Backofens, von dem das Gesetz spricht.

Der Kläger kann demnach verlangen, daß die Beklagte ihr Eishaus durch entsprechende Vorkehrungen, für deren Beschaffenheit die vorliegenden Gutachten einen Fingerzeig geben, so einrichtet, daß weder das Schmelzwasser in sein Mauerwerk eindringen, noch ein Feuchtigkeitsniederschlag an seinen Wänden sich bilden kann."

Mit Berücksichtigung der vorstehenden gerichtlichen Entscheidungen und der im III. und IV. Abschnitt besprochenen Wechselbeziehungen zwischen Wohnung und Gesundheit bezw. Krankheit wird der Sachverständige wohl meistens in der Lage sein, sich ein bestimmtes Urteil über den jeweiligen Zustand einer Wohnung und deren Einfluß auf die Bewohner zu bilden. Unter Umständen kann es notwendig sein, dasselbe nicht auf eine einmalige, sondern auf eine in kürzeren oder längeren Zwischenräumen wiederholte Untersuchung zu gründen.

Bei der Entscheidung der Frage über die Beziehbarkeit von Wohnungen in Neubauten kann es sich empfehlen, Mörtelproben der äußeren Umfassungswände, besonders in den untersten Geschossen, auf ihren Wassergehalt zu untersuchen und einen Gehalt von mehr als 2 % als die Benützung ausschließenden Grund anzusehen. Immerhin haftet dieser sonst einzigen exakten Untersuchungsmethode über den Feuchtigkeitsgehalt der Nachteil an, daß sie nur über einzelne Stellen der Wände Auskunft gibt.

VI.
Schlußfolgerungen.

Die in den vorangegangenen Abschnitten geschilderten Wohnungs=
verhältnisse, welche durchaus nicht den Anspruch auf Vollzähligkeit
erheben, beweisen das Vorhandensein zahlreicher hygienischer Miß=
stände im Wohnungswesen, namentlich bei dem Arbeiter= und Mittel=
stande. Wenn auch der Einfluß derselben auf die Gesundheit der
Bewohner sich nur zum kleineren Teile statistisch erweisen läßt, zum
überwiegenden Teile aus wissenschaftlichen Deduktionen, einwand=
freien Untersuchungen objektiver Forscher und ärztlichen Erfahrungen
geschlossen werden muß, so ist diese Beweisführung nicht als präsumtiv
zu bezeichnen, sobald sie sich mit der allgemeinen Erfahrung des
gesunden Menschenverstandes in Übereinstimmung befindet. Was
die Volksmeinung schon seit Jahrhunderten instinktiv als gesundheits=
nachteilig ansah, kommt jetzt allmählich durch die Zugänglichkeit
wissenschaftlicher Begründung mehr und mehr zu anerkannter Geltung.
Wir müssen ferner zugeben, daß das infolge der Bevölkerungs=
zunahme bei gleichbleibender Bodenfläche dichter und dichter sich
gestaltende Zusammenwohnen der Menschen das Fortbestehen von
Zuständen nicht länger duldet, welche sich daraus ergeben und die
Gesundheit schädigen können. Wie die Sitten, Gebräuche, Anforde=
rungen an das Leben und seinen Komfort, die Arbeits=, Erwerbs=
und Verkehrsverhältnisse gegen frühere Zeiten sich geändert haben,
so trifft dies nicht in gleichem Umfange für die Wohnungen zu.
Hier gilt es, mit den überkommenen, für die heutigen Lebens=
anforderungen nicht mehr zusagenden Traditionen zu brechen und
die Nutzanwendung aus den Forschungen und Forderungen der
wissenschaftlichen Gesundheitspflege zu ziehen, damit den lebenden
Geschlechtern ihre geistige und körperliche Leistungsfähigkeit nach
Möglichkeit gesichert bleibt und die kommenden Generationen nicht
bereits im Keime oder in ihrer frühesten Entwickelung den Stempel
der Minderwertigkeit aufgedrückt erhalten. Die Wehrkraft des
Vaterlandes, die Konkurrenzfähigkeit auf dem Weltarbeitsmarkte, die
sittliche Reife und der nationale Wohlstand sind in gewissem Umfange

von der Beschaffenheit unserer Wohnungen abhängig. Der Kampf gegen den Alkoholmißbrauch ist ohne Besserung der Wohnungsverhältnisse aussichtslos. Verbrechen und Siechtum wurzeln zum Teil in den Höhlen, welche das läuternde Licht des Tages und die körperlich und seelisch belebende Luft der reinen Atmosphäre nicht eindringen lassen. Die fehlende Behaglichkeit der Wohnung treibt den Mann ins Wirtshaus und untergräbt der Frau den Sinn für Ordnung, Reinlichkeit und Pflege des Besitzes. Auch für die geschlechtliche Moral und die Verbreitung der Geschlechtskrankheiten bildet die Wohnungsfrage den Kern- und Angelpunkt.

Die Anerkennung des Bedürfnisses zur Abhilfe und philanthropische Betrachtungen helfen uns aber keinen Schritt weiter, wenn nicht den träge an überlieferten Gepflogenheiten, Anschauungen und Vorurteilen hängenden Menschen Gewalt angetan wird in der Richtung, sie, wenn auch zunächst widerwillig und gegen bessere Einsicht, aus dem alten Geleise herauszubringen. Solange und soweit der einzelne mit seiner Familie sein eigener Hauswirt ist, mag er sich mit seiner Wohnung gesundheitlich abfinden. Sobald aber durch sein Handeln oder Unterlassen die Gesundheit anderer fremder Menschen in Frage kommt, hat der Staat das Recht und die Pflicht, die Gesundheit seiner Bürger gegen Unverstand und Übergriffe zu schützen. Derjenige, welcher Mietswohnungen zum Zwecke des Erwerbs errichtet, feilbietet und an andere überläßt, muß gewissen nicht nur standes- und feuersicheren, sondern auch gesundheitlichen Anforderungen an dieselben genügen, ebenso wie derjenige, welcher sie in Benützung nimmt, angehalten werden muß, diese Benützung in verständiger, Bestand und Gesundheit nicht schädigender Weise auszuüben. Wie wertvoll und leistungsfähig ein solcher Zwang ist, beweist die Nutzanwendung aus § 10 Teil II Titel 17 des Allgemeinen Landrechts und des § 544 Bürgerlichen Gesetzbuchs, welche, obwohl nur von Fall zu Fall anwendbar, bereits vielfach eine Besserung bezw. Beseitigung unhygienischer Wohnungszustände gezeitigt haben. Um aber auf breiterer Grundlage, rascher und in größerem Umfange Wandel zu schaffen, sind allgemeine Anordnungen und Einrichtungen zu treffen. Dazu gehören vor allem eine Wohnungsordnung für die einfachen hygienischen Anforderungen entsprechende Anlage und Benützung von Wohnungen, sowie eine geregelte, unter einheitlicher örtlicher Leitung tätige

Schlußfolgerungen. 95

Wohnungsaufsicht. Ohne solche Einrichtungen werden wir in der Besserung der Wohnungsverhältnisse immer nur vereinzelt etwas erreichen. Freilich Egoisten, skrupellose Verächter der Gesundheit ihrer Mitmenschen und Spekulanten werden sich nicht gern darauf einlassen.

Sehen wir die heutigen Baupolizei-Verordnungen durch, so entdecken wir nur bescheidene hygienische Forderungen, und zwar aus dem Grunde, weil die frühere Bautechnik die Hygiene als unwillkommenen, ihre Kreise störenden Eindringling betrachtete. Das Bauhandwerk hat von gesundheitlichen Forderungen, wenn überhaupt, so nur eine geringe Kenntnis. Das ergibt sich ungezwungen aus der teilweise unhygienischen Bauausführung und Raumeinteilung. Hier ist es Aufgabe der höheren Baukunst, sich mit der Hygiene in Verbindung zu setzen und gemeinsam dem Bauhandwerk gewisse Grundsätze nicht nur in technischer, sondern auch hygienischer Hinsicht bei der Bauausführung sowie der Gestaltung und Verteilung der Räume als feste Normen an die Hand zu geben. Das Wohnhaus darf nicht einen Bau darstellen, in welchem gesundheitliche Forderungen nebenher aufgenommen sind, sondern diese müssen von vornherein das Gerippe bilden, um welches sich der Bau als harmonisches Ganzes fügt.

Kommen allgemeine gesetzliche Bestimmungen über Anlage, Instandhaltung, Beaufsichtigung und Benützung von Wohnungen zustande, was besonders zum Besten der Minderbegüterten zu erstreben ist, und fügt die Bautechnik den Grundsätzen über Standfestigkeit und Feuersicherheit auch solche über gesundheitlich notwendige Forderungen in höherem Grade, als dies jetzt der Fall ist, hinzu, dann wird die Zahl der gesundheitswidrigen Wohnungen rasch abnehmen und schließlich in absehbarer Zeit ganz verschwinden, auch die zukünftige Bautätigkeit solche nicht mehr entstehen lassen, selbst wenn das Ideal der „Gartenstädte", wie solches die garden city association Englands ins Auge gefaßt hat, sich bei uns vorläufig nicht verwirklichen läßt.

Sachregister.

Abbeckerei 75.
Abel 51, 56, 57.
Abgänge, gasige 21.
Abgeschlagenheit 56, 60.
Abkühlung 29, 58.
Aborte, fehlerhafte Anlage 23, 68.
Abortgruben 33.
Absaugung der Innenluft 29.
Abzug für Dämpfe 36.
Albrecht 43.
Albu 43.
Alkoholmißbrauch 94.
Allgemeines Landrecht 3, 5, 65.
Ameisensäure 46
Anatomischer Bestand, Störung 64, 65.
Anforderungen an gesunde Wohnungen 10 ff.
Ansteckende Krankheiten 40, 69.
Anthropotoxine 27.
Arbeitsenergie, verringerte 54.
Arsenfarben 25, 55, 68.
Arsenwasserstoff 25.
Aspergillus glaucus 25.
— virescens 25.
Atemgifte 27.
Atmungsluft, Veränderung der 26, 27.
Atmungsorgane 64, 68.
Ausgüsse 21, 24, 68.
Außenwände, freistehende 33.
— zu dünne 30

Bäckereien 19.
Bakterien, nitrifizierende 46.

Bakteriologie der Wohnung 46 ff., 50.
Baldriansäure 26.
Balkon 17.
Barytzuckerfabrik 75.
Bauausführung 2, 3, 12, 95.
Baufeuchtigkeit 31.
Bauhandwerk 33, 34, 67, 95.
Baukunst 95.
Baulich mangelhafter Zustand 30, 39, 40, 62.
Baulicher Zustand 16.
Bauplatz 11.
Baupolizei-Verordnungen 2, 3, 95.
Bebauungsplan 11.
Bedrücktsein, Gefühl des 56.
Begutachtung gesundheitswidriger Wohnungen 65 ff.
Beizungen, kalte 19.
Belästigungen, gesundheitliche 4, 5, 65, 66.
Beleuchtung, Verbrennungsprodukte der 27.
Benommenheit 69.
Benützung, fehlerhafte, von Wohnungen 35, 36.
Berlin, Morbidität und Mortalität 43, 44.
— Sterblichkeit nach Höhenlage 45.
— Wohnungsdichtigkeit 44.
Besichtigungsbefunde von Wohnungen 17 ff.
Betriebe, gewerbliche 21, 68, 75.
Biologie der Wohnung 46 ff., 50.
Blasen 83

Sachregister.

Blechinstrumente 83
Bleichsüchtige 55.
Blutarme 55.
Blutbildung 56, 59, 60, 64, 69.
Bodenfeuchtigkeit 32.
Brauerei 76
Brechdurchfall der Säuglinge 56.
Brechneigung 68
Bürgerliches Gesetzbuch 4, 5, 6, 7, 8, 65, 66, 67.
Butter 49
Butter, ranzige 19
Buttersäure 26.

Cadé-Ofen 30
Cholera 43, 47, 49, 61
Cholerabakterien 50.
Cladothrix odorifera 46
Cornet 51.
Cyanwasserstoff 26.

Dach, undichtes 35.
Dämpfe 4, 69
Darmgase 27.
Darmkatarrh 48, 56.
Darmträgheit 62.
Dauernde Wohnungsmängel 40, 41.
Deckenfeuchtigkeit 35.
Decken, undichte 29
Demme 14, 60
Deputation, Wissenschaftliche 69.
Dielen, undichte 25, 29
Diphtheritis 30, 47, 49, 51, 61.
Diphtheritisbazillen 51.
Druckerei 83.
Dunghaufen 20.
Dünste, üble 19, 26, 68, 74
Dynamische Einwirkung 3, 69.
Dynamomaschine 21.

Einfluß der Wohnungen auf die Gesundheit 41 ff
Einrichtung der Nebenräume 16.

Einwirkungen, dynamische 3, 68.
— gesundheitsnachteilige 63, 64.
— von der Nachbarschaft 4, 65.
Eiskeller 90
Ekel 61, 68, 69, 70, 77.
Emerson 51.
Emmerich 46, 50, 51.
Energie, geistige 63.
Epithelien 27
Erdgeschoßräume 32.
Erkältungskrankheiten 55, 57, 68.
Ermüdung 56.
Ernährungsstörungen 68, 71.
Ersatzpflicht 6.
Erschütterung 4.
Erysipel-Streptococcen 51.

Fabriken 75.
Fäkalgerüche 23.
Farben, giftige 25.
Fäulnisgase 47.
Fäulnisprodukte, Einfluß auf Pathogenetät 47.
Fäulnis, stinkende im Fehlboden 46
Feer 49.
Fehlboden 25, 26, 68.
Fehlbodenfüllung 25, 26, 30.
Fehlbodeninhalt, Wassergehalt 46.
Fehlbodenstaub, Stickstoff- und Kochsalzgehalt 46.
Fehlboden, stinkende Fäulnis 46.
— Zersetzungen im 46.
Feilenhauerei 82.
Felle, 3, 74.
Fettauskochen 75.
Fettsäuren 46.
Feuchte Wohnungen 52, 53, 54, 55, 69.
Feuchtigkeit 52, 53, 90.
— der Tapeten 24, 25.
— der Wände 24, 31, 69.
Fischausschlächtereien 19.
Fischräuchereien 19.
Flecktyphus 43, 44

Haase Gesundheitswidrige Wohnungen.

Flügge 49, 76.
Frankland 46
Fußböden, kalte 29.
— undichte 29, 30

Gartenstädte 95
Gasabwässer 21, 68.
Gase 4, 68, 70.
Gasige Abgänge 21, 68, 70.
Gaskalk 26.
Gasmotoren 21, 79
Gebäude an Berglehnen 34.
— bauliche Instandhaltung 5, 6.
— Einsturz 6
Gefahr, gesundheitliche 4, 65, 66, 68, 69, 70 ff
Gefühlsnerven 64.
Gehirnfunktion 63.
Gehör 63
Geigel 43
Geistige Energie 63.
Gelenkrheumatismus 53, 55.
Geräusche 4, 16, 39, 60, 69, 78 ff.
Gerichtliche Entscheidungen 1 ff., 72 ff.
Geruch 63.
— modrig-muffiger 24, 49, 68.
Gerüche, üble 4, 19, 26, 68, 70, 74.
Geschlechtskrankheiten 94.
Geschmack 63.
Gesetzliche Unterlagen 1 ff.
Gesicht 24.
Gesundheit, erhebliche Gefährdung 6, 66, 68, 69
Gesundheitsbeschädigungen, Ersatzpflicht für 6.
Gesundheitsnachteilige Einwirkungen, Zusammenstellung 63, 64.
Gewerbliche Betriebe 21, 68, 75.
Giebel 33.
Giftige Farben 25, 68
Góppert 14.
Gosio 25
Gottschlick 48.

Gottstein 49.
Granulose 61
Grundwasser 12, 32, 33.
Grundwasserzysterne 33.
Gutachten 9.

Haegler 51.
Hausschwamm 24, 48, 68.
Häute 3, 74
Hautgewebe 56.
Heim 52, 58.
Heinzelmann 50.
Heizung, Verbrennungsprodukte der 27, 28.
Heizvorrichtungen 30.
— ungenügende 31, 68.
Herstellung, baulich falsche, der Häuser 37.
Hesse 51.
Höfe, ringsumbaute 18, 22.
— unsaubere 20.
Höhe der Wohnräume 16.
— — — geringe 27.
Höhenlage der Wohnungen, Sterblichkeit nach 45.
Huppe 46, 47, 48, 50, 52.

Jahn 48
Jauchegruben 23, 33.
Jauchekeller 76.
Industrieviertel 5.
Infektion, Begünstigung der 47, 64
Infektionskrankheiten 64.
Influenza 59
Innenluft, Absaugung 29.
Insekten 20.

Kabinett, unheizbares 37.
Kachelöfen 28.
Kälte 90
Kalter Umschlag 58.
Käse 20, 75.
Kammergericht, Urteile 74, 85.

Sachregister.

Kammer, unheizbare 37.
Kanalgase 47.
Kanonenöfen 28, 31.
Karbolsäure 26.
Kartenschlägerei 81
Katarrhe 53, 56, 68.
Kegelbahn 4, 83.
Keime, pathogene 51.
Keller, wassergefüllte 33.
Kellerräumlichkeiten 22, 32, 33.
Kellerwohnungen, feuchte 38.
Kinder 10, 44, 49, 54, 57, 58, 59, 60, 68, 69, 71.
Kirchner, Martin 47, 51, 52.
Kisskalk 58
Kleister, verschimmelter 24.
Klempnerei 82
Klima, rauhes 37.
— zuträgliches Wohnungs- 29.
Klopfmaschinen 82.
Klosetts 4, 16, 21, 23, 40, 61, 62, 68, 69.
— freistehende 23, 40, 61, 62, 69.
— gemeinsame 40, 62, 69.
Knochenniederlagen 3, 19, 74.
Koch, Rob. 61.
Kohlenoxyd 59, 69.
Kohlensäure 46.
Kolonbakterien 50.
Kopfschmerzen 54, 59, 60, 68, 69.
Kotgruben 23.
Krankheiten, ansteckende 40, 61, 69
Krankheitsanlage, Steigerung 47.
Küche, fehlerhafte Anlage 27, 28, 36, 40.
Küchendünste 28, 36, 68.
Kündigung des Mietsverhältnisses 6, 9, 66.

Lebensprozeß der Menschen 26, 32.
Leipzig, Einfluß der Wohnung auf Ziehkinder 45
Leistungsfähigkeit 60, 61, 68.

Leitungen, leck gewordene 35.
Leuchtgas 59, 68.
Leuchtgasleitung 21.
Licht 13
— mangelndes 38, 39, 59, 69.
Lode 58.
Loeffler 51.
London, Sterblichkeit in 43.
Lösung des Mietsverhältnisses 6, 9, 66
Luft, bewegte und kalte 57, 68.
— Erhaltung guter 23, 58.
— feuchtkalte 22, 68.
— geschlossener Räume 18, 27, 58, 68.
— gute 12
— Kohlensäuregehalt der 27.
— Sauerstoffgehalt der 27.
— Stickstoffgehalt der 27.
— Überhitzung 27.
— verdorbene 59, 68.
— Verunreinigung mit körperlichen Bestandteilen 22, 68.
Luftmaß der Wohnungen 16
Luftschacht 22
Lumpenniederlagen 19, 74.
Lungenentzündung 50, 51.

Magendarmkatarrh 48.
Malignes Ödem 50, 51.
Margarine 19
Marpmann 52.
Masern 51.
Mattigkeit 54, 59.
Mauerfraß 32.
Mauersalpeter 32
Mäuse 61
Merulus lacrymans 48.
Metabiose 48.
Metallschmelzereien 19.
Michaelis 46, 49, 50.
Mietsverhältnis, Lösung 6, 9, 66.
Milzbrandbazillen 59.

Molkerei 4.
Monti 47.
Morbibität in Berlin 43.
Mörtel, feuchter 31.
Mörtelproben, Prüfung auf Feuchtigkeit 92.
Mosler 44.
Mucor corymbifer 52.
— mucedo 25.
Muntz 46.
Musikaufführungen 83, 85, 86.
Muskelrheumatismus 53.

Nachteile, gesundheitliche 4, 5, 65, 66.
Nachtruhe 60, 69, 83, 84, 86, 87, 88.
Nahrungsmittel 61.
— zersetzliche 20, 56
Nervensystem 68, 79, 80, 81, 83, 84, 85, 86, 88.
Nervöse Reizbarkeit 69, 83, 84, 85.
Neumann 49
Neuralgische Beschwerden 57.
Newsholme 43
Niederschlagswässer, Anspritzen derselben 33.
— auf Dächern 35
Nierenentzündung 53.
Nitrifizierende Bakterien 46.

Ober-Landesgericht, Urteile 66, 90.
Ober-Verwaltungsgericht, Urteile 3, 4, 7, 8, 72 ff
Ödem, malignes 50.
Öfen, eiserne 28, 31.
Ohnmacht 59.
Oldendorff 52.
Orchestrion 85, 86.
Ordnung 38, 56, 57, 60, 94.

Papierfabrik 69, 75.
Pathogene Keime 51.
Pathogenität, Einfluß von Fäulnisprodukten 47.

Peabody-Buildings 43.
Pelzwerk, Klopfen von 22, 83.
Penicillium brevicaule 25.
Pest 61
Petroleummotoren 21.
Pettenkofer 31, 38, 46, 49.
Pferdestriegeln 22.
Pfuhl 51
Plaut 45.
Pocken 51, 61.
Polyporus vaporarius 49.
Porzellanfabrik 75.
Proteusarten 59.

Rachenkatarrh 48.
Rahts 50.
Räume, falsche Verteilung 37.
— zum Aufenthalt von Menschen 7, 8
Rapmund 6.
Ratten 40, 61.
Rauch 4, 18, 68, 72.
Raucheintritt in Wohnungen 28, 29.
Rauchgase, Rückschlagen der 28.
Reck 52
Regenwasserrohre, schadhafte 34.
Reichsgericht, Urteile 3, 72, 78, 84.
Reichsgesetz v 5. VII. 1887 (giftige Farben) 25.
Reinlichkeit 56, 57, 60, 94.
Reißen 54.
Reizbarkeit, nervöse 69.
Rheumatismus 53, 54, 55, 56, 57, 68.
Rohrbruch von Leuchtgasleitungen 21.
Rosenthal 6.
Rosten 20.
Rotstreifigkeit des Holzes 49
Rubner 13, 56.
Ruhe 15, 60.
— mangelnde 39.
Ruhemann 59.
Ruhr 43, 61.

Sachregister.

Rullmann 46, 50
Ruß 4, 18, 72.

Sachverständige 67
Sägewerk 82
Salpetersäure 46.
Salpetrige Säure 46
Sauberkeit 38
Säuglingssterblichkeit in London 43.
— in Wurzburg 43
Schamgefühl 62, 69
Scharlach 51, 61.
Schaufenster 27
Scheuerwässer 25
Schienen, eiserne 82
Schimmelpilze 24, 25, 30, 55, 68
— pathogene 52.
Schlächtereien 19.
Schlagregen 33
Schleifmaschinen 82.
Schleimhäute, Erschlaffung der 56.
Schlösing 46
Schlosserei 78, 82
Schmalzbäckereien 19
Schmiede 82
Schnirer 52.
Schnupfen 56
Schornsteinaufsätze 28.
Schornsteine 28, 29
Schwefelammonium 26
Schwefelcyanwasserstoff 26
Schwefelwasserstoff 21, 26, 59, 68.
Schwabenpulver 25
Schweine 4, 68, 76
Schweineschuhe 74
Schweinfurtergrün 25
Schweinshaare 74
Schwindel 69.
Schwindsüchtige 55
Schwüle, Gefühl der 56
Scorbut 50
Sehpurpur 59
Sehvermögen 59, 69

Seuchenfestigkeit, Herabminderung der 47, 64, 68
Sewage gases horror 47
Silberwarenfabrik 79.
Sinnesorgane 63.
Sittlichkeit 62, 64, 69
Sonnenlicht 59, 69.
Stallungen 20
Staphylococcen 51
Staphylococcus pyogenes aureus 51
Staub 22, 30, 51, 68
Stauberregung, gesundheitsgefährdende 73, 74
Staubinhalationskrankheiten 51
Staub, Versengung 28.
Sterblichkeit in Berlin 43
— — London 43.
— — New-York 44.
— nach Höhenlage der Wohnungen 45.
Stickstoffgehalt im Fehlbodeninhalt 46.
Stoffwechsel 56, 60, 64, 69.
Strafgesetzbuch 2, 3, 6.
Straßenbahn 74.
Straßenschmutz 22.
Streptococcen 51.
Stubenhocker 59.

Talgschmelzereien 19.
Temperatur, zu hohe 27.
— zu niedrige 29.
Teppiche 82.
Tetanus 50
Tetanusbazillen 50, 51.
Tierhaare 68.
Tierklinik 79.
Tischlerei 82.
T-Träger 4, 82.
Trennungswände, rissige 19
Trockenboden 36.
Trockenböden für Häute 19
— für Tierblasen 19.

Trockenheit 12.
Tuberkulose 49, 51, 53, 61.
Tuberkelbazillen 52, 59.
Typhus 44, 47, 49, 50, 61.
Typhusbakterien 50, 59.

Übelsein 68.
Überflutung 12, 32.
Überhitzung der Luft 27.
Uffelmann 49.
Umschlag, kalter 58.
Umsetzungsprodukte, stinkende 20.
Unbehagen 54, 59.
Undichtigkeit der Decken 29.
— der Fußböden 29.
— der Türen und Fenster 29.
— der Wände 29.
Ungefug 48.
Ungeziefer 25, 40, 60, 61, 69.
Unlust 56.

Verbot des Bewohnens 6.
Verbrennungsprodukte der Beleuchtung 27.
— der Heizung 27, 69.
Verdauungsorgane 57, 59, 64, 68.
Verdauungsstörungen 68.
Vergiftungen 64.
Vermögensschädigung 4.
Verputz der Außenwände 33, 34.
Verwahrlosung der Räume 30, 40, 86.
Viehställe 23.
Virchow, Rud. 44.
Vorübergehende Wohnungsmängel 40, 41.

Wände, zu dünne 37.
— undichte 29, 30.
Wanzen 25.
Warenhaus 21.
Wärme 4, 15.

Wärmeökonomie, Störung der 55, 56, 57, 64.
Wärmeverlust 55.
Waschküche 36.
Wasserdampf der Luft 55, 56.
Wassergehalt im Fehlbodeninhalt 46.
Wasserklosett, direkte Spülung 40.
— fehlerhafte Anlage 23, 40.
— Verbindung mit Wasserleitung 16.
Widerstandsfähigkeit 57, 68.
Widerwillen 61, 68.
Windpressung 29.
Winogradsky 46.
Wirtschaftsräume, Benützung der 16.
Wissenschaftliche Deputation 69.
Wohnungen, Anforderungen an gesunde 10 ff.
— Besichtigungsbefunde 17 ff.
— Einfluß auf die Gesundheit 41 ff.
— Einfluß auf die Ziehkinder 45.
— feuchte 52, 53, 54, 55, 69.
— in Neubauten 31, 32.
— verwahrloste 40, 68.
— Vorhandensein schlechter 1, 2.
— zum Aufenthalt von Menschen 7, 8.
— Zweck derselben 10.
Wohnungsaufsicht 95.
Wohnungsklima 29.
Wohnungsluft, gasige Verschlechterung 25, 68.
Wohnungsmängel, dauernde und vorübergehende 40, 41.
Wohnungsordnung 94.
Wright 51.
Würzburg, Säuglingssterblichkeit in 43.

Zellulosefabrik 70, 71, 75.
Zentral-Nervensystem 56, 59, 60.
Ziehkinder, Einfluß der Wohnung 45.
Zugluft 29, 57.

MIX
Papier aus verantwortungsvollen Quellen
Paper from responsible sources
FSC® C105338

If you have any concerns about our products,
you can contact us on
ProductSafety@springernature.com

In case Publisher is established outside the EU,
the EU authorized representative is:
**Springer Nature Customer Service Center GmbH
Europaplatz 3, 69115 Heidelberg, Germany**

Printed by Libri Plureos GmbH
in Hamburg, Germany